的飼養法

飼育　生態・對待方式・醫學全解析

大野瑞繪・著　石川 晋・攝影　三輪恭嗣・監修
獸醫師公會全國聯合會 理事長 江世明・中文版審定　彭春美・譯

漢欣文化事業有限公司
Han Shin Cultural Enterprise Co., Ltd.

contents

第 6 章

和刺蝟共度的每一天

第 5 章

刺蝟的飲食

第 7 章 刺蝟的繁殖

第 8 章 刺蝟的醫學

第 9 章 刺蝟的文化史

We Love Hedgehogs!

在哪裡呢!?這個好像白色栗子殼斗的就是我啦！

Enjoy Home!

什麼什麼？要給我東西嗎？

也讓你看看都皺在一起的臉吧！

屁股也很可愛吧！

又來了！在哪裡？正中間的就是我啦！

Let's Take a Walk!

聞聞看，有沒有什麼好吃的東西啊？

一起散步，好快樂哦！

陽光好刺眼呢！

快到黃昏了。

※ 帶到戶外時，請務必要讓牠待在飼主的視線範圍內！

前言

雖是容易生氣的栗子殼斗，不過跟牠變成好朋友後，牠就會用圓圓的眼睛注視著你。被背部的刺扎到雖然會痛，但是也可以溫柔地撫摸牠。刺蝟真的是非常可愛的動物。

由於作為寵物的歷史尚淺，未盡明瞭的事情還有很多。本書特地請到獸醫師三輪恭嗣先生監修，同時也獲得了許多飼主們的協助，書中所刊載的都是目前被認為最佳的資訊。

任何刺蝟都是不一樣的。不管是健康狀態還是對食物的喜好，就連性格也都不相同。請參考本書中所介紹的資訊，找出最適合你家刺蝟的方法。藉此累積下來的新知識，還可以成為送給未來的刺蝟們的美好禮物。

希望在閱讀過本書後，能讓各位和你心愛的刺謂過著更美好的生活，並讓你們之間的信賴關係和愛情也越發深厚。

本書中主要刊載的是和四趾刺蝟相關的資訊。
只要沒有特別註記，本文中的「刺蝟」指的都是四趾刺蝟。

第1章

刺蝟的同伴們

chapter 1 ...Species of Hedgehogs

刺蝟的同伴們

刺蝟的同伴們

刺蝟的同伴們目前被分類在「蝟形目」。說到刺蝟，以往大家熟知的是「食蟲目」的分類，其實在目前的分類上，已經改成「蝟形目」的分類了。

刺蝟棲息在非洲、歐洲及歐亞大陸上，南北美洲、大洋洲和日本則沒有刺蝟棲息（有人為引進到紐西蘭）。不過，日本好像也有出現過刺蝟的同伴，因為科學家在更新世（約180萬～160萬年前開始到1萬年前之間）的堆積物中，曾經發現了一種刺蝟的化石。

蝟形目的刺蝟種類如左頁所示。分類的基準是流動性的，有的分類法會將西歐刺蝟分成2個種；也有的分類法不制定叫做Mesechinus的屬，而將被分類在Mesechinus屬的2種刺蝟分類在大耳蝟屬，並將印度蝟屬的3種刺蝟包含在大耳蝟屬中。

所有的刺蝟同伴在外觀上都沒有太大的差異，全部都擁有：腦和牙齒等身體構造比較原始（這是「食蟲目」共同的特徵）、背部有刺、會將身體蜷曲成球形以保護身體、睪丸在腹腔內、蹠行性（整個腳掌貼在地面上走路），以及雖然是「食蟲目」，視力卻很好等共通點。

雖說外觀的差異並不大，但是將各種加以比較，還是可以看出耳朵大小、刺或被毛的顏色、趾數（前後都是5趾，只有四趾刺蝟後腳趾是4根）、刺的斷面或陰莖的形狀，以及頭頂部是否有無刺的部分等等許多不同的差異。

在刺蝟的同伴中，目前研究最多的是歐洲的西歐刺蝟；但是對於其他種類的刺蝟依舊不甚清楚。即使作為寵物的四趾刺蝟已為人所熟知，不過以目前的狀況來說，人們還是不太了解牠在野外過的是什麼樣的生活。

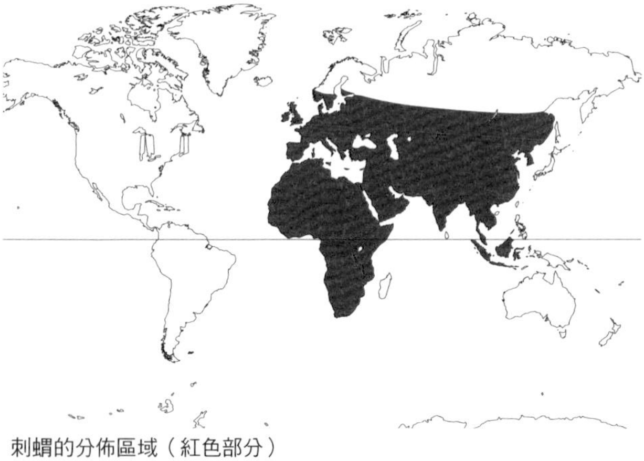

刺蝟的分佈區域（紅色部分）

對於以昆蟲類作為主食的刺蝟們來說，隨意開發所造成的自然破壞會要了牠們的命。還有像西歐刺蝟這種處在人類生活環境中的種類，也經常會遇上交通意外。在ＩＵＣＮ（國際自然保護聯盟）的紅皮書（２００９年１月）中，認為林蝟和印度刺蝟的生息數正在減少中。另外，目前每種刺蝟都被評定為ＬＣ（Least Concern，少受關注）。

刺蝟的分類

蝟亞科 *Erinaceinae*

蝟屬 *Erinaceus*	黑龍江刺蝟 (Manchurian hedgehog) *E. Amurensis*
	東歐刺蝟 (East European hedgehog) *E. concolor*
	西歐刺蝟 (West European hedgehog) *E. europaeus*
非洲蝟屬 *Atelerix*	四趾刺蝟 (Four-toed hedgehog) *A. albiventris*
	北非刺蝟 (Algerian hedgehog) *A. Algirus*
	南非刺蝟 (Southern African hedgehog) *A. frontalis*
	索馬里刺蝟 (Somali hedgehog) *A. sclateri*
大耳蝟屬 *Hemiechinus*	長耳刺蝟 (Long-eared hedgehog) *H. auritus*
	印度長耳刺蝟 (Indian Long-eared Hedgehog) *H. collaris*
Mesechinus 屬	達烏爾蝟 (Daurian hedgehog) *M. dauuricus*
	林蝟 (Hugh's hedgehog) *M. hughi*
印度蝟屬 *Paraechinus*	沙漠刺蝟 (Desert hedgehog) *P. aethiopicus*
	伯蘭特刺蝟 (Brandt's hedgehog) *P. hypomelas*
	印度刺蝟 (Indian hedgehog) *P. micropus*

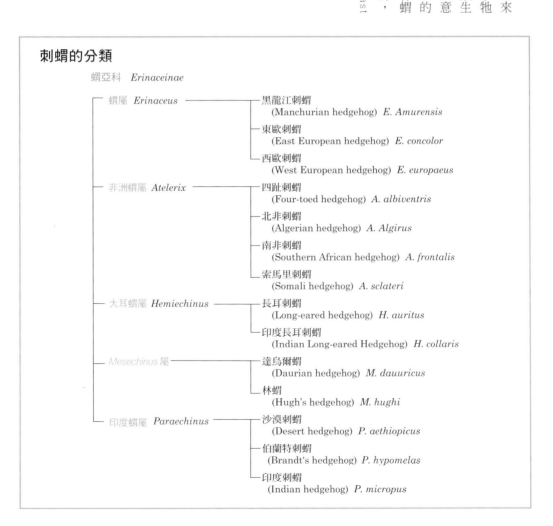

◎蝟屬

西歐刺蝟

Erinaceus europaeus

頭和軀幹長23～28cm，尾長1.5～3cm，體重400～1200g。棲息在英國、愛爾蘭、斯堪地那維亞半島南部、包含俄羅斯西北部的西歐及中歐。喜歡開放的森林、草長的荒地、耕作地、公園等；也經常會住在住宅庭院中。會在樹下的草叢中以草和枯葉築巢。如果有必要的話，也會是個游泳好手。在行動圈上，雄性為20～35ha（公頃），雌性為9～15ha（順帶一提，5個東京巨蛋約為23ha）。一般為單獨生活，但據說當數隻刺蝟的行動圈重疊時則會排出順位。於夏天到秋天這段期間蓄積脂肪，冬天冬眠。在野生狀態下，4～8月為繁殖期，會生下1～9隻寶寶。

黑龍江刺蝟

Erinaceus amurensis

頭和軀幹長20～30cm。棲息在中國低地的北緯29度開始的黑龍江盆地以及朝鮮半島。生活在森林、灌木地、草原、牧草地、郊外的公園或庭園、耕作地等高地以外的各種場所，喜歡草叢茂盛的針葉樹和闊葉樹混合林。經常生活在森林和開放場所的交界處。外觀和西歐刺蝟相似，不過刺的顏色較為明亮；刺上有黃色和褐色的色帶，末端呈淡色。以蚯蚓和其他的無脊椎動物為主食，也吃鳥蛋和小型脊椎動物、果實、蕈類等。關於黑龍江刺蝟的生態資料，目前還不是很清楚。

◎非洲蝟屬

四趾刺蝟
Atelerix albiventris

頭和軀幹長18～22cm，尾長2～2.5cm，體重300～500g。廣泛棲息在西非、東非、中非。西邊從塞內加爾經過茅利塔尼亞南部、西非的熱帶草原區域，中非北部到蘇丹、厄利垂亞、衣索比亞；然後往南到馬拉威、尚比亞南部。喜歡灌木叢、熱帶草原的草原、郊外的公園和庭院。詳細生態請參照44頁。

也被稱為Pygmies hedgehog的寵物四趾刺蝟，據說是四趾刺蝟和北非刺蝟的雜交種。英文也稱為African hedgehog、White-bellied hedgehog。

南非刺蝟
Atelerix frontalis

頭和軀幹長15～20cm，體重150～555g。西邊的棲息區域從安哥拉西南部到西北及中央納米比亞、波札那東部。棲息在南非的大部分地區、辛巴威西部及賴索托的一部分。居住在草原、灌木地帶、多岩石地帶、熱帶草原等，也經常出沒在郊外的庭院中。很少到沙漠地帶和濕度非常高的區域。行動圈是距離巢穴約半徑200～300m的範圍。

這種刺蝟外觀上的最大特徵是橫過額頭到達肩口和腕部的白色線條。由於臉和四肢的被毛是褐色的，所以白色線條非常顯眼。平時總是慢慢行走，但有必要時，也能以時速6～7km的速度跑動。

◎大耳蝟屬

長耳刺蝟
Hemiechinus auritus

頭和軀幹長17～30cm，尾長1.5～5.5cm，體重240～500g。棲息地從地中海東岸經過亞洲西南部，南至巴基斯坦西部為止；經由烏克蘭東部到蒙古、中國。居住在半沙漠、乾燥的草原，以及海拔2500m以下的低山草原地區，也經常出現在郊外的公園和庭院中。會挖掘約40～50cm深的巢穴，或是使用小型哺乳類所做的巢穴。耳朵比起其他的刺蝟又長又大。大耳蝟屬不同於其他屬的刺蝟，頭頂部的刺並沒有分線。繁殖是每年1次。剛誕生的幼蝟比其他種的刺蝟還小，體重約3～4g；但是成長迅速，一般認為出生後1個禮拜就開眼了。也稱為大耳刺蝟。

Tips

頭頂部的刺的分線

大耳蝟屬頭頂部的刺沒有分線，除此之外的所有屬，頭頂部的刺都有分線。
這也成為了分辨刺蝟種類時的要點之一。

長耳刺蝟

四趾刺蝟

◎印度蝟屬

沙漠刺蝟

Paraechinus aethiopicus

頭和軀幹長140～230mm，體重400～700g。往西到茅利塔尼亞、撒哈拉西部及摩洛哥；往東到埃及、蘇丹、厄利垂亞及衣索匹亞。幾乎整個阿拉伯半島區域都有棲息。主要棲息在氣溫高而乾燥的沙漠地帶，但也居住在綠洲或海濱植物生長的地方。會挖掘深度約40～50cm的巢穴。

耳朵大，鼻尖和眼睛周圍的被毛帶有黑色，額頭有亮色線條。刺上有縱溝。主要的食物是昆蟲、小型無脊椎動物、在地面築巢的鳥、青蛙、蛇、蠍子卵等動物性食品，不過基本上任何能吃的東西都會吃，也有吃水果的報告。

印度刺蝟

Paraechinus micropu

頭和軀幹長14～23cm，尾長1～4cm，體重300～600g。為南亞特有種，棲息在巴基斯坦和印度西北部，居住在沙漠地帶及半沙漠地帶。一般而言，額頭和腹部、側腹會有白色被毛，不過也有變黑的種類。

會在灌木叢下挖掘深約40～50cm的巢穴，並在裡面鋪草；有時也使用其他刺蝟挖掘的巢穴。也會在巢穴中儲存食物。幾乎不吃植物。雖然不冬眠，但只要食物和水分不足，就會變得不活潑。一般認為繁殖是每年1次，在春天到夏天之間，或是雨季時。平均會生下1.5隻的寶寶。

四趾刺蝟的顏色變化

四趾刺蝟有多種顏色變化。在此是參考網站「Hedgehog Central」的「Hedgehog Color Guide」〈http://hedgehogcentral.com/colorguide.shtml〉、以及「The International Hedgehog Association」的「Color Guide」〈http://hedgehogclub.com/colorguide.html〉，介紹在據說共有91～92種顏色中的一小部分，以及分辨顏色的重點。

還有，刺的「色帶」指的是一根刺上呈帶狀的顏色相異的部分（參照143頁的照片）。此外，皮膚的顏色要看背部靠近頭部的刺下方的皮膚顏色。而「面罩」是指從鼻子到眼下被毛較深的部分。

如前所述，作為寵物的四趾刺蝟是和北非刺蝟的雜交種。因此在顏色變化上，也有僅見於各個不同種類的特徵。就北非刺蝟來說，刺的基本色是奶油色，面罩通過眼下，延伸到臉頰上。在此僅舉出四趾刺蝟的顏色變化。

●標準色

■椒鹽色

刺…白色，有黑色色帶。完全白色的刺不到5％。

皮膚和被毛…皮膚（前述）是全黑的，下腹部的黑斑分佈在大範圍中；腹部的被毛是白色的。臉部被毛為白色，有黑色面罩。

鼻子…黑色。

眼睛…黑色。

■灰色

刺…白色，在黑色色帶的外側有非常窄的銹褐色。

皮膚和被毛…皮膚為灰色，下腹部有些許斑點。面罩為黑色。

鼻子…黑色。

眼睛…黑色。

■巧克力色

刺…白色，有焦褐色的色帶。

皮膚和被毛…皮膚是亮灰色，下腹部可能有淡斑。面罩是非常亮的褐色。

鼻子…幾近於黑色的深茶褐色。

眼睛…黑色。

■褐色

刺…白色，有淺橡木棕色的色帶。完全白色的刺不到5％。

皮膚和被毛…皮膚是帶灰色的粉紅色，下腹部沒有斑。淡色的面罩在容許範圍內。

鼻子…巧克力色。

眼睛…黑色，眼睛外緣有淺藍色環圈。

■肉桂色

刺…白色，有亮肉桂褐色的色帶。完全白色的刺不到5％。

皮膚和被毛…皮膚是粉紅色，腹部的被毛為白色，沒有面罩。

鼻子…茶褐色。

眼睛…黑色。

椒鹽色

褐色

白化

■奶油色

刺…白色，50％是肉桂色，其餘的是淡橘黃色。

皮膚和被毛…皮膚是粉紅色，下腹部是沒有斑點的白色。沒有面罩。

鼻子…粉紅色，有茶褐色的斑點。

眼睛…黑眼珠的奶油色刺蝟是黑色，紅眼珠的奶油色刺蝟是深紅寶石色。

■香檳色

刺…白色，75％是帶橘色的茶灰色，其餘為肉桂色。

皮膚和被毛…皮膚是粉紅色，下腹部是沒有斑點的白色。沒有面罩。

鼻子…粉紅色，外側為茶褐色。

眼睛…紅色。

■杏仁色

刺…白色，有淡橘色的色帶。

皮膚和被毛…皮膚是粉紅色，腹部被毛為白色。沒有面罩。

鼻子…粉紅色。

眼睛…紅寶石色。

●雪花色

有色帶的刺和沒有色帶的刺差不多等量的類型。

■銀色

刺…白色，有黑色色帶。30～50（70）％的刺是全白色。

皮膚和被毛…皮膚是全黑色，下腹部的黑斑分佈在大範圍中。腹部的被毛為白色，臉上的被毛也是白色，有黑色面罩。

鼻子…黑色。

眼睛…黑色。

■碎巧克力色（巧克力雪花）

刺…白色，有巧克力色的色帶。30～70％的刺是全白色。

皮膚和被毛…皮膚是灰色，側腹是粉紅色，下腹部沒有斑。面罩是非常亮的褐色。

鼻子…巧克力色。

眼睛…黑色。

●白色

幾乎所有的刺都是全白色，只有額頭周圍的刺帶有些微色帶的類型。

■白金色

刺…白色，有淡灰色的色帶。95～97％的刺是全白色。

皮膚和被毛…皮膚是全黑色，下腹部的黑斑分佈在大範圍中。面罩為黑色。

鼻子…黑色。

眼睛…黑色。

■鐵灰白色

刺…白色，部分黑色色帶的外側有銹褐色。95～97％的刺是全白色。

皮膚和被毛…皮膚是灰色，下腹部有少許斑點。面罩為黑色。

鼻子…黑色。

眼睛…黑色。

●白化

刺…所有的刺都是白色的，沒有色帶。

皮膚和被毛…皮膚是粉紅色，被毛是白色。沒有面罩。

鼻子…粉紅色。

眼睛…紅色。

●焦點

焦點（pinto）不是指顏色的名稱，而是指顏色型態。這是由白刺所形成的白色塊，可能發生在任何顏色上。

巧克力色（焦點）

灰色系

白色系

奶油色系

焦點系

雪花系

攝影協助：谷口康敬

「食蟲目」的同伴們

小馬島蝟

Echinops telfairi

棲息在馬達加斯加島。馬島蝟的同類是馬達加斯加島的特有種。頭和軀幹長140～180mm，體重80～90g。外觀和刺蝟相似，是會爬樹的半樹上性。擁有肛門、尿道口、生殖口都在一起的總排泄腔。體溫在活動期有30～35℃，休息時體溫則會下降到接近氣溫的程度。

本州缺齒鼴

Mogera minor

主要棲息在本州東半部。頭和軀幹長121～159mm，體重48～127g。會用短而強壯的前腳在地中挖掘隧道；除了繁殖期以外，都在地底單獨生活。以地底的昆蟲和蚯蚓為食。為日本特有種。同屬的日本缺齒鼴也棲息在中國、朝鮮半島等，體型比本州缺齒鼴還大。

食蟲目中包含有馬島蝟亞目（馬島蝟、金毛鼴等）、蝟形亞目（刺蝟、鼩蝟等）及鼩形亞目（尖鼠、鼴鼠、溝齒鼩等）等。「食蟲目」這個分類雖然並不是最新的，但在此還是來介紹一下這個大家都非常熟悉的分類。

食蟲目被認為是有胎盤類（哺乳類中擁有胎盤者。無胎盤類為有袋類）中最原始的。以往曾經有一段時間，哺乳類中不符合其他目的生物全被歸類到食蟲目中，就連滑翔的草食動物鼯猴都曾被歸類在食蟲目裡（現在則歸類在皮翼目）。

在食蟲目中，作為寵物最廣為人知的就是刺蝟，而外觀上非常相似的小馬島蝟也同樣被人當作寵物來飼養。

在日本，除了大家熟悉的鼴屬外，還有其近親的日本鼩鼴、世界最小的哺乳類之一的東京尖鼠（體重僅2g）等尖鼠的同類棲息。

長有背刺或是擁有硬棘狀被毛的動物們，有各種不同的種類。刺蝟的近親鼩蝟有硬被毛，小馬島蝟也有刺，而馬島蝟從小時候就有刺了。

在單孔目的針鼴中，也有刺很長的針鼴，以及刺較短的長吻針鼴2種。

有「刺」的同伴們

北美豪豬
Erethizon dorsatum

棲息在阿拉斯加、加拿大、美國、墨西哥的一部分。頭和軀幹長600～900mm，體重5～14kg。依季節而異，在樹上及地上採食。會使用鉤爪和沒有長毛的腳底，巧妙地爬樹。從頭部到尾部約有3萬根刺，被刺傷的外敵可能會因傷口感染而成為致命傷。

非洲刺毛鼠
Acomys cahirinus

棲息在撒哈拉沙漠周邊、衣索比亞、肯亞、以色列到巴基斯坦一帶。頭和軀幹長70～170mm，體重30～70g。會在乾燥地域的岩場等地方築巢，具有社會性，形成小群體地生活。除了植物之外，也會吃蝸牛等。遇見外敵時，會展開背部的剛毛，好讓身體顯得更為龐大。

作為有刺的動物，可以和刺蝟相提並論的大概是豪豬吧！住在美洲大陸的豪豬是樹上性的，住在亞洲和非洲的豪豬則是地上性的。有的豪豬擁有一振動就會發出聲音的刺，藉以發出警戒聲；也有的會採取將刺扎進外敵身上這種具有攻擊性的自衛方式。

至於刺鼠，在沖繩、奄美大島等棲息了日本特有種的沖繩刺鼠等，身上有長約2cm左右的棘狀毛。

在寵物店以「畬鼠」的名稱販賣的老鼠，正確上應稱為「刺毛鼠」，與畬鼠在亞科的等級上是屬於不同的種類。背部長有棘狀的剛毛。

和庭院的刺蝟維持良好的關係

在英國或德國等歐洲國家，刺蝟（西歐刺蝟）是非常常見的野生動物。尤其對於喜歡園藝樂趣的人們來說，刺蝟是非常受到喜愛的。因為牠們吃的是植物的天敵，例如蛞蝓等害蟲。再者刺蝟是大食客，這表示只要有刺蝟在，就能夠以自然的力量來驅除害蟲。對刺蝟來說，庭院有豐富的昆蟲及能夠成為隱匿處的繁茂植物，因此是非常舒適的居住場所。

然而，庭院也充滿了危險。必須要讓刺蝟遠離割草機和園藝耙子、殺蟲劑和除草劑、會卡住身體的籬笆、水溝、篝火、塑膠杯等頭鑽進後無法拔出的東西、狗、設置的陷阱等等。此外，要準備冬眠用的小屋和飲水，要將保護的刺蝟放回野生環境時也需要有階段性……等等，人與刺蝟就這樣建立起互惠的關係。

如此一來，刺蝟就能往來於四處的庭院。不過，不慎被汽車輾過的刺蝟還是很多，所以有時也要為變成孤兒的小刺蝟或是在秋天出生、營養還不夠充分的小刺蝟們進行人工哺乳或是準備食物。刺蝟和人們之間的友好關係，還真是讓人羨慕呢！

蘇格蘭的刺蝟過馬路

START! → GOAL!

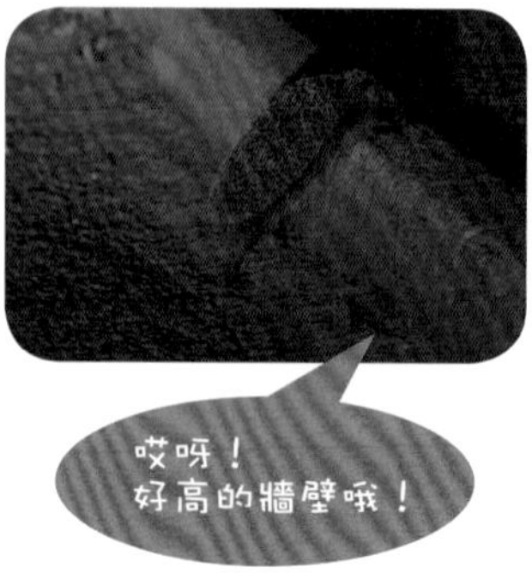

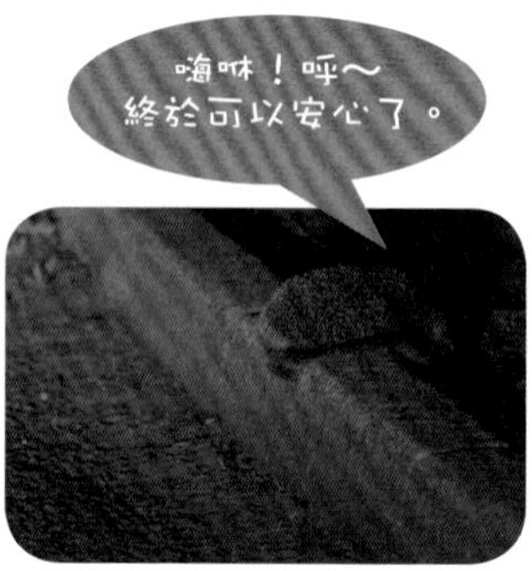

照片提供：村川莊兵衛

第 2 章

在飼養刺蝟之前

chapter 2

...Preparing for your life with Hedgehogs

迎接刺蝟的心理準備

真的可以飼養刺蝟嗎？

刺蝟是非常吸引人的動物。

背部被刺覆蓋的身體、豎起刺後蜷曲身體，形成有如刺球般的姿態等等，不管是外觀還是行動都非常獨特；還有牠的表情也極具魅力，不只是擁有圓滾滾眼睛的可愛容貌，還有生氣時的皺眉面孔、進食時野性十足的神情等等，會呈現出各種不同的表情。

雖然背負著許多好像會刺痛人的刺，其實若是馴養的刺蝟，不但可以直接用手拿著牠，還可以感覺到牠柔軟溫暖的體溫。

刺蝟幾乎沒有體臭。只要確實清掃，排泄物的氣味也不是那麼令人在意。不需要帶牠到外面散步，雖然有好幾種的叫聲，但並不會大聲到惱人的程度。

只要能以適當的方法飼養，以愛心來對待牠，刺蝟將會送給我們許多的禮物。

這個才是最麻煩的！刺蝟的飼養

刺蝟的照顧並不困難，但卻必須每天進行。

如果是記不住如廁地點的刺蝟，清掃上就會很費工夫。飲食雖是以寵物飼料為基本，但有時為了沒有食慾的刺蝟，就算你不喜歡蟲子，還是得給牠蟲子吃。雖然不需要到外面散步，仍然得在飼養設備中或是室內製造充分運動的機會。由於刺蝟到了夜晚會變得充滿活力，可能會和人類的生活型態發生不合的情況。還有，刺蝟不喜歡太熱或太冷，因此必須營造冬暖夏涼的環境。為了照顧牠，有時候可能連旅行等消遣也必須克制一下。

在刺蝟的照顧上，既花時間也花金錢；如果飼養好幾隻，就得花費相當的時

間、金錢和飼養空間。

刺蝟本來就是非常膽小又謹慎的動物，所以多數的個體都需要相當長的時間才能習慣。你無法期待刺蝟可以像狗狗那樣與飼主相互交流。雖然大多沒有攻擊性，但也可能對你手上沾附的氣味有所反應而咬人。刺蝟對氣味非常敏感，香水或化妝品、頭髮造型品等的氣味都可能會讓刺蝟陷入混亂。

由於作為寵物的歷史尚淺，飼養情報並不多。飼主必須自行蒐集情報，檢討其對錯，多費點心思來創造適合你家刺蝟的環境。因為目前幾乎沒有刺蝟專用的飼養用品，所以飼主可能必須採用其他動物的飼養用品，或是自行製作。

有為刺蝟看病的動物醫院也不多。除了努力尋找好的醫師，也必須注意牠的健康，努力避免讓牠生病。

雖然「衝動購買」也是與刺蝟相遇的一種方式，不過請先停下腳步，考慮上述的各種事項吧！

請持續抱持愛心和責任感

刺蝟雖然是身體嬌小的動物，但生命卻是寶貴的。既然身為飼主，就請一直抱持著愛心和責任感。準備適當的生活環境和飲食，致力於減少壓力地對待牠吧！

另外，也一定要獲得家人們的同意，因為有時說不定還得拜託他們照顧。

真的無法繼續飼養時，請不要將牠丟棄，好好地幫牠尋找可以飼養的新飼主吧！刺蝟本來就不是棲息在日本的動物，輕易地棄養，說不定會造成將來再也不能飼養刺蝟作為寵物的結果。為了避免那樣的事情發生，在決定飼養前，也請先考慮清楚關於過敏的問題（169頁）。

刺蝟是療癒我們的美好寵物。正因為如此，希望我們也能成為療癒刺蝟的飼主。

和刺蝟一起生活的必需品&注意事項

飼養刺蝟時，最初要準備的飼養用品、每天的消耗品，還有各個季節的飼養用品等都是必需的。此外，也會有前往動物醫院，或是利用寵物保姆等服務的時候。請先想想接下來會面對哪些事情吧！

■**初期費用…**活體的購入、籠子等飼養設備、飼養用品、寵物飼料等必需品。還有飼養書籍等情報收集費、飼養開始時的健康診斷費等。

■**維持費用…**飼料或昆蟲類、地板材、便砂等每天的消耗品。睡鋪或滾輪等視髒污或破損情況也要更換。

■**季節對策…**寵物電暖器或涼墊等因應暑熱、寒冷的商品。冷氣費、暖氣費等。

■**健康管理…**定期健康檢查、生病時的治療費用。視需要給予的健康食品等。

■**照顧的人…**因為旅行或回家鄉、出差等沒人在家時的委託照顧。可以找朋友、寵物保姆或寄放寵物旅館等。

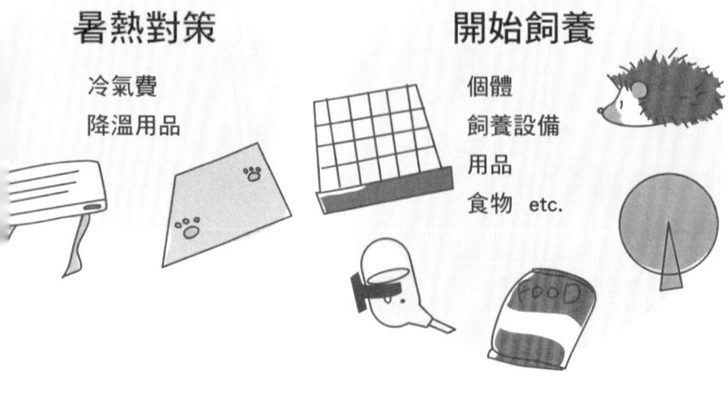

其他…當然，會發生的事情以及需要花費的費用除此之外還有很多。如果因為生病而需要手術、住院的話，治療費用可能會變得很高。室內的重要物品也有遭到損壞的可能。而且飼養頭數越多，費用也會跟著增加。此外，也可能會有不由自主地蒐購刺蝟商品，或是為了拍照而購買照相機之類的支出。

帶刺蝟回家

取得刺蝟的方法

●迎進時期

飼養狀態下的刺蝟一整年都可以繁殖，但大多會在春天或秋天時陳列在寵物店中。迎進時期也是以不過熱或過冷、氣候穩定的時期為宜，所以春天或秋天都是適合的時節。只是，有時候一天的溫差可能會很大，因此要先做好適當的溫度管理的準備。

另外，飼養環境剛發生變化的刺蝟會產生精神壓力，身體狀況容易變差，因此飼主最好挑選時間較寬裕的時期迎進，以便能夠穩定地觀察刺蝟的健康狀態，並且好好確認飼養用品的使用狀況。請考慮到飼主本身的行程，來決定迎進的時期吧！

●寵物店的選擇方法

取得刺蝟的地方一般都是在寵物店。除了貓狗之外，也多量經營其他小動物的店家，甚至是爬蟲類專賣店等等，或許都有販售刺蝟。

刺蝟在店家的時期是成長期中非常重要的時期。雖然很難要求和一般家庭有同樣的飼養管理，不過還是要儘量選擇進行優質飼養管理的店家。

店員對刺蝟有充分的了解嗎？店內的衛生方面如何？刺蝟是否被關在一個飼養設備中過密飼養？雄性和雌性是否分開飼養？飼養設備內是否有隱蔽處、適當的食物和清潔的飲水？這些事項都要加以確認才行。刺蝟出生後約半年左右（雌性出生後2～6個月，雄性出生後6～8個月）就性成熟了，所以長大後的刺蝟如果都一直雌雄同居，可能會發生「帶回家後就生寶寶了」，或是雌雄判別錯誤，發生「明明買了公刺蝟，卻生下小寶寶」的情形。請從良好的店家迎接刺蝟回家吧！

●從繁殖個人手上領養的方法

可以在斷奶前好好地喝母乳長大、能和媽媽及兄弟姊妹一起度過成長期、可以知道雙親的性格、罹患遺傳性疾病的可能性和毛色，以及因為父母很親人，所以從小就習慣有人在身旁而容易馴養等等，從繁殖業者或是個人手上取得刺蝟有很多優點。可以確實知道刺蝟的生日，也是令人高興的事。請選擇了解刺蝟、能進行適當的繁殖、確實做好飼養管理的人吧！

●網路販售、拍賣

也有從網路商店購得或是在網拍中下標購買的方法。雖然無法直接確認活體，也不是面對面交易，不過網路上的交易還是會和在一般商店購買時產生相同的義務。為了讓彼此都能愉快地進行交易，迎進健康的個體，事前必須先確認各個要點。該如何確認個體的健康狀態？到貨時已經虛弱不堪或是死亡時該如何處理等等，這些事項都要加以確認。

另外，也請確認與其配合的是否為寵物運送經驗豐富、能夠做適當處理的運輸業者。最好避開盛夏、嚴冬等極端氣候的時期。只是購買時應該先理解的是，不管如何細心注意，在運輸中發生意外的可能性還是不可能為零。

Tips 迎進家中時

移動和飼養環境的變化，對刺蝟來說是很大的精神壓力。

在寵物店等處取得後，請注意避免振動地儘速帶回家中。即使之前的飼養方法不盡完善，還是暫且準備和以前相同的環境（地板材等）、飲食（內容）及飲水（飲用的方式）。等刺蝟安定下來後，再慢慢進行環境的改善吧！

個體的選擇法

●性別？

雄性和雌性，在繁殖和生殖器官疾病上當然不一樣，不過性格上的差異就沒有那麼明顯了。有人說雄性沉穩而雌性剛強，雄性地盤意識強而雌性地盤意識弱等等，總結來說就是「個體差異」很大。

●年齡？

從小飼養會比較容易馴養。但是，最低限度也要讓牠完成斷奶，可以吃成蝟的食物之後再飼養（出生6～8週以後）。

如果是和媽媽一起飼養的話，建議在確實斷奶前都要讓牠們在一起。太早分開可能會讓刺蝟長大後的不安傾向和警戒心變得強烈。

如果是長大後才開始飼養，雖然花費的時間較多，但還是可能馴養。最好儘量選擇已經習慣人的個體為佳。

長時間待在管理不善的商店（完全不想馴養、對待方式粗暴、噪音或振動很大等等）的個體，一般認為需要花費相當長的時間才能讓牠親近人類。

●幾隻？

如果對飼養動物這件事尚未駕輕就熟，就從珍惜一隻開始吧！

刺蝟是單獨行動的動物。在野生狀態下大概只有交配時和育兒中（雌性和孩子們）會和其他個體在一起，因此飼養時也是以分開飼養為基本。

即使是同時迎進多隻刺蝟，還是需要各自的飼養設備（如果是一起出生的母刺蝟們，或許可以同居。參照120頁）。即使是為了繁殖而迎進雌雄成對的刺蝟，也請以分開的飼養設備來飼養。

●健康狀態？

仔細觀察刺蝟的狀況，選擇健康的個體。在寵物店購買時，請勿任意翻弄刺蝟，而是要招呼店員過來一起做健康確認。由於刺蝟過了傍晚才會變得活潑，所以建議在傍晚以後前往。

如果是在一個飼養設備中有好幾隻刺蝟時，也要觀察其他個體的狀況。或許會有感染到疥蟲或傳染病的可能性。

在惡劣環境的商店中，有時說不定會讓人產生「有狀況不好的刺蝟正在尋找飼主，我想要幫助牠」的想法，不過治療得要花費時間和金錢，而且原本已經飼養的刺蝟也可能遭到傳染，因此一定要仔細思考後再做決定。

●性格？

不只是身體的健康狀態，也請檢查心理的狀態。刺蝟是警戒心很強的動物，不過警戒心過強的個體並不好養。以剛開始受到驚嚇時會將身體蜷成球狀，不過很快就會解除警戒，表現出好奇心旺盛模樣的個體為佳。也請觀察店員對待處理的情況，儘量選擇不怕生的個體吧！迎進警戒心強的個體時，要有必須花時間才能讓牠馴養的覺悟。

此外，即使是在店內看起來容易與人親近的個體，之後如果受到粗暴的對待，或是在精神壓力大的環境下飼養，警戒心也會變強。

購入時的健康檢查

※也請參照141頁的「刺蝟的身體構造」及145頁的「健康檢查的重點」。

眼睛…不會顯得睜不開的樣子，沒有眼屎，沒有腫脹或受傷。

鼻子…沒有鼻水、不會連續打噴嚏，鼻子稍微濕潤是正常的。

耳朵…沒有傷口，耳內不髒污。

牙齒…沒有髒污，沒有缺損。

四肢…沒有受傷，趾頭和爪子齊全。

背刺．被毛．皮膚…沒有掉刺的部分（也可能是換刺所引起的），沒有傷口或皮屑，沒有過度搔癢的感覺。

腹部…皮膚沒有發紅或皮屑，肛門和生殖器周圍沒有髒污。

體重…拿在手中時有沉重感。

糞便…沒有下痢。

行動…有食慾，走路不會拖行或是不穩，會活潑地活動，具有好奇心。

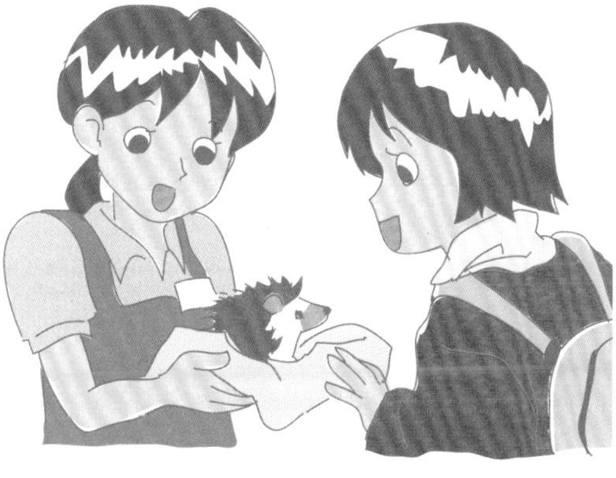

小朋友和刺蝟

刺蝟並不適合作為幼童的寵物。可能會發生尖刺讓小朋友受到驚嚇，而讓刺蝟摔落到地上，或是受到驚嚇的刺蝟想蜷起身體時將小朋友的手指捲入等意外。

等小朋友到了能完全理解大人教導的適當對待方式的年齡後，在大人的監督下，才能和刺蝟接觸。不過刺蝟的活動時間是在夜間，正是小朋友的睡覺時間。請不要為了和刺蝟玩，而強迫白天正在睡覺的刺蝟起床。

其他的寵物和刺蝟

●貓狗

在野生狀態下，刺蝟的天敵是肉食動物和猛禽類。初次遇到貓狗的刺蝟，應該會將身體蜷起來自衛；而貓狗對於蜷曲成球狀的刺蝟，剛開始也會嚇一跳。如果牠們判斷「攻擊這種滿身是刺的動物，會讓我受傷」的話，或許會對刺蝟變得興趣缺缺；但若牠們明白「刺蝟不會主動攻擊」的話，或許會把蜷成球狀的刺蝟當成玩具，或是將四處走動的刺蝟判斷為「獵物」也不一定。

無論如何，和近乎是天敵的動物在一起，對刺蝟來說都會成為精神壓力。還是避免讓牠們接觸地飼養吧！就算沒有直接接觸，刺蝟也可能會對飼主手上沾附的味道做出反應。

●小動物

刺蝟雖然是食蟲性的，不過有時也會吃老鼠等小型動物。請注意不要讓小老鼠或楓葉鼠等比刺蝟體型小很多的小動物和刺蝟接觸。

刺蝟和法律

外來生物法（防止特定外來生物造成生態系統等受害的相關法律）

日本外來生物法是於2005年制定的法律，目的是為了要保護生態環境，防止外來動植物驅逐固有種，或是雜交而導致遺傳上的不良影響，避免對農林水產業及人民的生命、身體造成危害等。

在外來生物法中被指定為「特定外來生物」的動植物，若未經許可，不得進口或飼養、栽培，也禁止放生到野外或種植、未經許可的讓渡或販賣等。即便獲得飼養許可，原則上也有義務要做好個體識別措施。最廣為人知的特定外來生物有浣熊、鱷龜，以及所謂的黑鱸魚等，除此之外也有許多的動植物被指定為特定外來生物。

只要違反就會被課以罰則。個人將特定外來生物棄放於野外時，會被處以3年以下的徒刑或是3百萬日圓以下的罰金；法人以販賣為目的，在未經許可下飼養特定外來生物時，可能被科以1億日圓以下的罰金。

●特定外來生物

在刺蝟的同類中，目前已知黑龍江刺蝟定居於靜岡縣、神奈川縣等，並且由於會捕食鳥類的蛋和雛鳥、昆蟲等，而在生態方面造成了危害。依據2005年12月的第二次指定（施行為2006年2月1日），蝟屬（黑龍江刺蝟、東歐刺蝟、西歐刺蝟）已經被指定為特定外來生物。這些種類的生物只有在2006年1月31日以前已經飼養，並在同年8月1日前向環境省提出「特定外來生物飼養等許可申請書」等文件並獲得許可時，才能持續飼養到現在。

●未判定外來生物

可能會對生態環境等帶來危害的外來生物，進口時都必須要申報。在刺蝟的

黑龍江刺蝟

西歐刺蝟

「刺蝟和法律」監修：行政代書　伊藤浩先生

同類中，受到指定的有除了四趾刺蝟之外的非洲蝟屬全種、大耳蝟屬全種，以及林蝟屬全種。

●必須附上種類名証明書的生物

不只是特定外來生物和未判定外來生物，與牠們非常相似的生物也都被指定為「必須附上種類名証明書的生物」，在進口時一定要向海關提出記載有該生物種類名和數量的「種類名証明書」。刺蝟同類全都屬於此類。

●四趾刺蝟沒有問題嗎？

在日本一般被當做寵物飼養的四趾刺蝟並未被指定為特定外來生物，所以飼養上並沒有任何限制。不過在環境省「外來生物法」網站中，還是擔心「即使是非洲產種，還是有完全定居在亞熱帶地區的可能性」，因此無法斷言將來四趾刺蝟不會被指定為特定外來生物。

在36～37頁中，說明了關於目前被指定為特定外來生物的刺蝟屬的飼養限制。如果四趾刺蝟被指定為特定外來生物的話，就會受到同樣的規範。身為飼主的我們有責任充分理解自己所飼養的刺蝟是從外國來的動物，絕對不可讓牠脫逃或棄置於屋外，必須要持續飼養到最後才行。

長耳刺蝟

四趾刺蝟

刺蝟野生化的實際情況

所有種類的刺蝟都不是棲息於日本的動物。然而，早從西元1955年開始，原本作為寵物飼養的刺蝟在脫逃或是遭到棄養之後而野生化的個體，就已經在靜岡縣伊豆高原周邊受到保護；1987年左右，在神奈川縣小田原市更確認了其繁殖情況，而同時期在岩手縣、長野縣、富山縣，1990年在栃木縣真岡市也都有被人發現。

黑龍江刺蝟

現在，一般認為黑龍江刺蝟已經在靜岡縣的大室高原、神奈川縣的小田原市、大井町、南足柄郡等地定居下來了。

在英國，和確認已於日本定居的黑龍江刺蝟同屬的西歐刺蝟，除了會吃掉在地上繁殖的鳥類的蛋及雛鳥而造成問題，另一方面，卻也因為會吃掉庭園的蛞蝓等害蟲而受到重視。

在日本，原本在地上活動的野生肉食哺乳類數量就不多了，而刺蝟因為會將原有的鳥類的蛋或雛鳥、昆蟲類吃掉，因此有打亂生態環境之虞。還有，牠與同樣以昆蟲類為食物的鼴鼠和日本鼩鼴之間的競爭也令人擔心。對草莓等農作物似乎也會帶來危害。

黑龍江刺蝟原本的棲息區域是在朝鮮半島和中國，這些地方的氣候和日本並沒有太大差異。像這種亞洲原產的刺蝟和歐洲原產的刺蝟在日本增加數量的憂慮，應該可以說是非常重大的吧！

就算是非洲原產的刺蝟，也同樣讓人擔心在亞熱帶地區是否就能定居下來的問題。目前作為寵物飼養的幾乎都是非洲原產的四趾刺蝟。請不要認為野生化的是不同的刺蝟，所以沒有關係，請想想已經野生化的刺蝟會給生態帶來什麼樣的影響，千萬別讓自己的刺蝟逃走了。

黑龍江刺蝟

照片提供：東京農業大學 野生動物學研究室

介紹以外來生物法為準則的刺蝟屬的飼養方法

被指定為特定外來生物時，在飼養上究竟會有什麼樣的限制，又必須要如何飼養呢？在此以特定外來生物的刺蝟屬舉例說明。雖然飼養的申請已經在2006年截止了，之所以又特別介紹，是為了要讓大家都充分了解四趾刺蝟是外來生物的這件事。

此外，四趾刺蝟並不在特定外來生物刺蝟屬中，所以在2009年的現在，飼養上是沒有限制的。

●規定事項

☑禁止飼養、搬運（僅在申請日期截止前申請，獲得許可時才准許）
☑禁止放至屋外
☑禁止讓渡給未擁有飼養許可的人
☑有個體識別的義務
等等。

●申請時的準備文件（作為寵物飼養時）

特定外來生物飼養等許可申請書、飼養設備圖、設備的照片、用地內設備的位置圖、縮尺1：5000以上的概況圖等。

■申請書…除了飼養頭數和飼養目的、設備檢查方法之外，也要記載無法飼養時的措施（讓渡給已獲飼養許可的設施、撲殺處理等等。不能只寫上「會飼養到最後」而已）。每5年做一次更新手續。

■飼養設備圖…詳細地以圖示標明材質、尺寸、網目大小和出入口的位置、上鎖狀況等。會輕易遭到破壞或是讓動物能脫逃的設備是不行的。

■設備的照片…要拍攝整個設備、附屬設備和上鎖的狀況。

■用地內設備的位置圖…以圖示標明家中的房間配置圖、門窗的位置、設備的擺設處等。

■縮尺1：5000以上的概況圖…以圖示標明近鄰的地圖和住家的位置。

●關於個體識別

飼養特定外來生物時，飼主有「個體識別」的義務，以表示該個體是由誰飼養的。原則上是採取埋入微晶片的方法。微晶片是直徑2㎜、長11㎜左右的IC片，各自登錄有獨自的號碼。將之埋入皮下，使用IC讀取機讀取號碼，就可以知道該動物的相關資料。

不過，出生還不到2個月的年輕個體、高齡、生病等體力不足的個體，就不需要埋入微晶片。另外，由於能夠為異國寵物埋入微晶片的體制並不完備，所以健康的成熟個體也可以不實施。取而代之的是，必須在飼養設備上張貼飼養許可書才行。

刺蝟屬（特定外來生物）的飼養規定

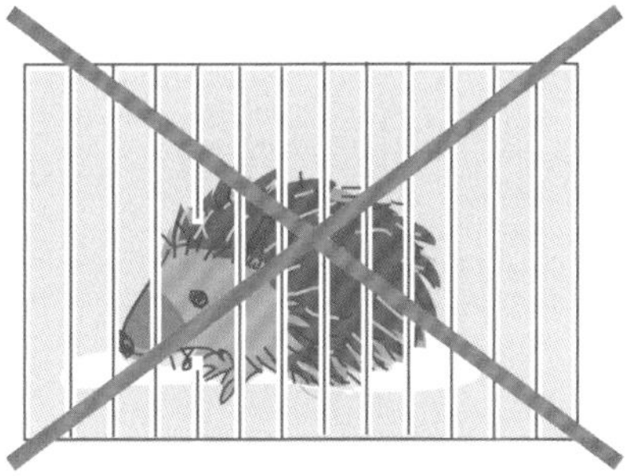

禁止飼養（已申請者除外）

原則上要以微晶片做個體識別

提出申請書（到2006年為止）

對飼養設備的標識提示

在無法逃脫的飼養設備中飼養、上鎖

禁止繁殖（作為寵物時）

傳染病法（傳染病的預防及對傳染病患者的醫療相關法律）

傳染病法是以預防傳染病的發生、防止蔓延、提高與促進公共衛生為目的的法律。

為了防止從海外帶入的動物導致人類傳染病的發生，在２００５年修正後，開始了動物的進口申報制度。對象動物有囓齒目、兔形目（只有鼠兔科）、其他陸生哺乳類以及鳥類。陸生哺乳類的刺蝟也包含在內。

要進口這些動物時，要先向檢疫所提出申請書和衛生証明書，待其受理後才能獲准進口。

刺蝟會傳染的傳染病是狂犬病。在出口國政府機關發行的衛生証明書上，必須証明該刺蝟出口時沒有出現狂犬病的症狀，是在沒有狂犬病發生的地方出生或是捕獲、保護的；如果是在此外的其他區域，就必須証明過去一年間是在沒有發生狂犬病的保護設施出生或是受到保護的。

對一般飼主來說，如果是從國內寵物店購入的，基本上並沒有太大的關係；但若是個人從海外進口刺蝟時，可就大有關係了。

動愛法（動物的愛護及管理相關法律）

動愛法是在１９７３年作為「動物的保護及管理相關法律」而制定的，１９９９年變更為現行的名稱，內容也有大幅修正。在２００５年的修正（翌年實施）中，施行了動物相關行業由申報制改為登錄制等的重大變更。動愛法針對的動物是寵物（愛護動物）、動物園等的展示動物、實驗動物、家畜等產業動物。還有，不只是寵物店等從事處理動物的工作人員，一般飼主也都是這項法律的對象。根據動愛法及其補充基準等，規定有各種事項，不過在此只介紹和飼主有關係的事項。

●關於適當的飼養

飼主必須實施按照動物習性的適當飼養法，好讓動物過著健康又安全的生活。還有，必須努力避免該動物對人造成困擾，或是危害人類的生命、身體及財產，並預防該動物成為傳染病的病原。根據動愛法的「家庭動物等的飼養及保管相關基準」，其中的規定如下：

- ☑要依照動物的種類和發育狀況來給予飲食
- ☑做好健康管理，預防疾病和受傷
- ☑生病或受傷時，要接受獸醫師適當的處置
- ☑要使用考慮到生態和習性、生理的設備來飼養
- ☑在有適當日照、通風、溫度、濕度的場所，注意衛生狀態地飼養
- ☑飼養可以確保適當的環境，並且能夠終身飼養的隻數
- ☑如果無法適當地飼養或讓渡時，必須要限制繁殖
- ☑擁有人類和動物的共通傳染病的正確知識，致力於防止傳染
- ☑避免脫逃地加以飼養，萬一脫逃要迅速尋找

●購入動物時的契約

在寵物店購買動物時，除了要領取記載有該動物的特性和健康狀態、飼養方法等資訊的文件，接受說明（事前事項說明），還得要署名以確認領取文件才行。事前事項說明包含有：

☑性成熟時的身體大小
☑平均壽命
☑適當的飼養環境
☑適當的飲食的給予方法
☑適當的運動和休養方法
☑主要的人畜共通傳染病，以及該動物較可能罹患的疾病種類及預防方法
☑和該動物有關的法令規定內容
☑性別的判定結果
☑出生年月日和進口年月日
☑生產地
☑該個體的病歷
☑遺傳性疾病的發生狀況

等等。

●繁殖和動物相關行業

☑販賣（寵物店、繁殖業者或網路通販業者等）
☑寄宿或寄養（寵物旅館、寵物保姆、寵物美容師等）
☑出借（寵物模特兒派遣業者、寵物出租業者等）
☑訓練（寵物訓練師等）
☑展示（動物園、水族館、動物馬戲團等）

以上這5個業種必須以「動物相關行業」提出申報。

即使是一般的飼主，在網路拍賣販售動物時，也會歸類於「動物相關行業」，所以一定要申報。如果是自己繁殖的個體一再請寵物店接收時，即使是無償的，還是會有被認為是「動物相關行業」的可能性。但如果只是偶爾將繁殖的個體讓與朋友的程度，就不等同於「動物相關行業」。

刺蝟照相館　part1

現在正在遊戲中，
別來煩我啦！

和刺蝟布偶做朋友。

露出可愛的屁屁，
究竟作了什麼好夢呢？

第 3 章

認識刺蝟

chapter 3

...Understanding Hedgehogs

認識刺蝟的目的

為了創造更好的環境

大家都希望迎進家中的刺蝟能夠健康地，而且盡可能過著幸福的生活，因此必需的就不只是愛心而已。知道刺蝟是什麼樣的動物是非常重要的。

刺蝟原本生活在廣大的自然中，可以依照自己的意思來移動居住場所。在飼養狀態下，雖然不會遭遇攻擊牠們的天敵，但卻必須在空間有限的飼養設備中生活，而沒有移動到其他場所的自由；即使是太窄、太熱、太冷的不適場所，也必須忍耐。如果在會對刺蝟造成負擔的環境中持續飼養，將無法避免會對健康帶來不好的影響，甚至可能會丟掉性命。

請理解刺蝟原本是過著什麼樣的生活，即使是在飼養狀態下，也盡可能創造採納野生要素的環境吧！

■環境豐富化

「環境豐富化」指的是從動物福祉的立場，讓受飼養的動物在身體上、精神上、社會上都能實現健康又幸福的生活的具體方法。

不妨就飲食上來思考一下。野生的刺蝟是以昆蟲類為主食的。雖然在飼養狀態下是簡單的「進食」行為，但在野生狀態下，如果不採取各種行動的話，就吃不到食物。確認周圍沒有天敵後離開巢穴，四處尋找作為食物的昆蟲類或小動物；也可能會憑氣味來尋找地面下的蟲子，一旦發現獵物就抓來吃掉。只是對手也是活生生的動物，可能不會那麼容易就得手，而且也不能鬆懈對周圍的警戒。就像這樣，刺蝟會一整個晚上到處走來走去地找東西吃，然後再回到巢穴。

而在飼養狀態下，傍晚從巢箱出來後，餐碗就擺在一定的地方，食物就放在裡面。寵物飼料不會逃走，所以輕輕鬆鬆就能吃到。就人類社會而言，幾乎可說是「茶來伸手，飯來張口」的舒適（又無聊）的環境。不過，在環境豐富化的意義上，卻未必能說是良好的環境。

如果在飼養時也能增加牠們尋找獵物、將活生生的昆蟲吃下肚等在野生狀態下從事的行為，多分配一些時間在牠們本來就會花時間從事的活動上，避免使其感到無聊，將有助於豐富牠們的生活。

當然，每次進食都得將蟲子放入飼養設備中讓牠們捕捉，這樣的做法是不太合乎現實的，不過還是請試著尋找即便是在飼養狀態下還是能夠重現的野生要素吧！即使只有抱持這樣的想法，在實際飼養上也會有所不同的。

為了理解刺蝟的心情

人類和刺蝟並沒有互通的溝通方法。既無法用相同的語言交談，也無法共同擁有刺蝟所感受到的氣味之類的感覺。

不過，還是可以體會牠們的心情。

為此，讓我們來了解牠們的行為和動作、叫聲等的意義吧！如果能夠藉由牠們的這些「語言」，知道什麼樣的情況下牠們會不舒服，什麼樣的時候牠們是心情愉快的，就能夠採取對刺蝟而言壓力較小的對待方式。如果可以用心創造能夠讓刺蝟安心的環境和對待方式，相信就能彼此建立起良好的信賴關係。

■來觀察刺蝟吧！

本章中將介紹刺蝟常見的典型行為和叫聲。不過依飼養環境和個體差異，或許會出現「我家的刺蝟這個時候會豎起刺來」、「這個時候會叫」等不同的狀況。請仔細觀察刺蝟的反應和叫聲等，去理解你家刺蝟獨自的「語言」吧！

還有，如果能在觀察刺蝟後掌握到「經常會做的行為」，應該就能發現「和平常不同的行為」。這在健康管理上也是非常重要的。

了解刺蝟的生活

刺蝟的生態

●單獨生活

刺蝟是單獨生活的動物。只有在繁殖交尾時和育兒時才會和其他刺蝟在一起，其餘都是獨自生活的。

●活動時間

刺蝟是夜行性動物。雖然傍晚和黎明前也會活動，但在飼養觀察中發現，最活潑的時刻是晚上9點～12點，其次是凌晨3點。活動時間的絕大部分都花費在尋找食物上。若迫於需要，刺蝟也能以每秒1.8m的速度移動。

西歐刺蝟的行動表

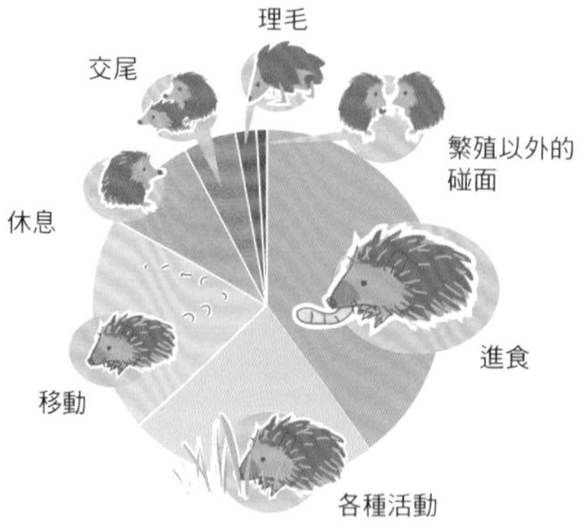

根據 "Hedgehogs"（Nigel Reeve）的資料所製成。

一個勁兒地走，出發冒險囉！

母子一起度過的珍貴時刻。

生活空間

刺蝟的生活空間在地面上。牠不會像鼴鼠般在地下挖隧道，也不會像小馬島蝟一樣會爬到樹上。

行動範圍和勢力範圍

一般認為刺蝟一整個晚上約可走動3.2～4.8km的距離。

刺蝟不會設定地盤（排除其他個體，想要防守的範圍），不過行動圈也不會和其他個體重疊。有報告指出，如果是雄性的話，和其他個體之間大約會取得18.2m的距離。此外，也有資料認為一隻刺蝟的勢力範圍是巢穴的半徑200～300m。

巢穴

刺蝟會在乾燥場所的岩堆下、灌木叢根部、樹根間、腐朽的圓木下或白蟻塚中築巢。白天都在巢中休息。因為都是有遮蔭的地方，即使暑熱時也是涼爽舒適。

冬眠

根據資料而異，刺蝟的冬眠有「進行」與「不進行」等不一的情形。棲息在歐洲的西歐刺蝟是會冬眠的種類，不過作為寵物飼養的四趾刺蝟卻是不冬眠的。

西歐刺蝟在9～4月，體溫會下降到5.4度，進入冬眠。不會儲存食物，而是靠著冬眠前攝取充分的營養來度過。西歐刺蝟是具備冬眠能力的。目前已知南非刺蝟、長耳刺蝟、沙漠刺蝟也會冬眠。

「四趾刺蝟進入冬眠了」——或許有人有過這種經驗或是聽過這樣的事。因為四趾刺蝟並不是住在寒冷到非冬眠不可的區域裡的動物，所以牠們並沒有冬眠的能力。

但是，飼養環境的溫度如果降低，形成低體溫狀態，動作就會變得遲鈍，給人彷彿想要冬眠的感覺，而這是非常危險的。（寒冷對策→119頁）

最喜歡鑽進狹窄的地方了。

這是可以吃的東西嗎？我咬～

●夏眠

四趾刺蝟不冬眠，卻可能會「夏眠」。這是因為乾季時，牠們的主食昆蟲類減少，食物變得不足，所以牠們會在這個又熱又乾燥的時期以「夏眠」而不是冬眠來度過。話雖如此，但身體的代謝並不會像冬眠的動物一般衰退那麼多。也有氣溫一超過29.4℃就進入夏眠的報告。

●食性

刺蝟主要是以昆蟲、蚯蚓和蛞蝓等無脊椎動物為食。除此之外，也吃青蛙、蜥蜴、蛇、鳥蛋或雛鳥、小型哺乳類、屍肉，還有果實、種子、菌類（蘑菇）等。

刺蝟所採用的不是捕獲大型獵物來吃，而是大量吃小型獵物的方法。此外也不僅限於動物性，而是什麼都吃，據說一個晚上會吃掉相當於體重的3分之1的量。

●智能

一般認為刺蝟的腦部和其他體型差不多大小的哺乳類比起來，算是比較小一點、單純而且原始的。但並不代表牠就是「頭腦不好」。牠能夠學習新發生的事物，也可以區別飼主和他人。一般認為只要有耐性地教導，是可以教會牠簡單的指令的（也有教會牠隨著指令蜷曲成球形或是恢復原狀的報告）。

刺蝟的行為

●塗抹唾液

在刺蝟的各種行為中，最不可思議的大概就是塗抹唾液了。自我塗油，在英語中也被稱為self-anointing、anointing等等。

初次遭遇陌生物體的氣味時，刺蝟會加以舔舐或啃咬，在口中混合泡沫狀的唾液，再用長長的舌頭塗抹在背部和側腹的刺上。那種以不自然的姿勢扭轉身體、塗抹泡沫的舉動非常怪異，所以初次看到時可能會感到吃驚，不過那並不是異常的行為，也不是生病。

為什麼刺蝟會做這種事呢？真正原因尚未明瞭。在此介紹的是諸多說法中的一部分。

此刻正在探險中。這裡是哪裡？

吃蟲的時候最幸福。

☑ 為了隱藏自己的氣味，所以要在身上沾附和周圍環境相同的氣味。

↓可能是對陌生氣味感受到危機感而採取的行為，不過唾液的氣味若被對方記住的話，就無法隱藏自己的行蹤了。

☑ 刺蝟對有毒性的東西具有耐性。牠們將毒性物質和唾液混合後，塗抹在身上以保護自己。實際上，刺蝟會去咬蟾蜍（具毒性）。而牠們要戒備的對象則是天敵或害蟲等。

↓對刺蝟來說，陌生的氣味是會煽動不安的討厭東西，所以牠可能也會將之判斷為對對手來說也是非常討厭的東西。不過，即使遭遇沒有毒性的東西，或是在飼養狀態下周遭並沒有害蟲，刺蝟還是會塗抹唾液。

另一方面，人的手在碰觸到刺蝟的刺不久後，有時該部分會感覺搔癢或疼痛，可能是唾液中含有某些物質的關係。

☑ 為了吸引繁殖對象。

↓有報告指出，西歐刺蝟的雄性塗抹唾液的行為是雌性的2倍。說不定牠們是用唾液的氣味來吸引異性的。以豬為例，目前已知公豬的唾液中含有費洛蒙物質。不過，和陌生物體之間的相遇為何也會成為塗抹唾液的開端，這就不得而知了。

☑ 為了冷卻身體。

↓其他動物的確有在過熱時舔舐身體，利用氣化熱消暑的情形。不過刺蝟主要是舔舐刺的部分，在消暑上似乎沒有太大的效果；而且再怎麼說，會開始塗抹唾液都是因為遇上新氣味的關係，所以為了冷卻身體而有意識性地進行塗抹的可能性似乎很低。

一邊警戒，一邊在意周圍的情形。

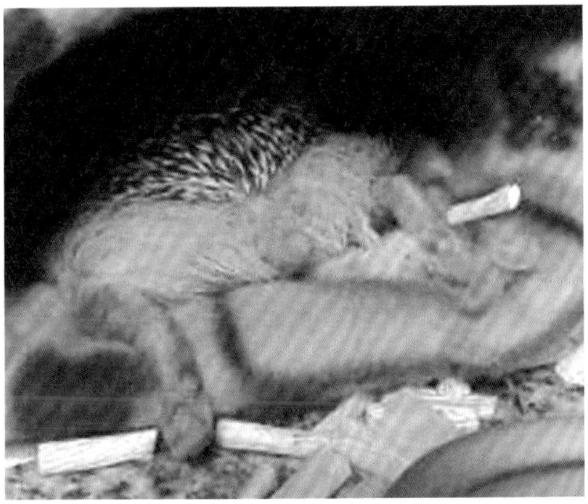

鑽進睡袋中，舒服到忘我的後腳。

為了美容。

↓舔舐身體來理毛美容是多數動物常見的行為，不過刺蝟泡沫狀的唾液似乎更容易沾附髒污。

●豎起刺蜷曲成球狀

當捕食者出現、對巨大聲響等感到恐懼或是有強烈的不快感時，或是遭遇陌生的人或動物等應該保持警戒的情況時，刺蝟就會用力將身體蜷曲成球狀，將刺朝各個方向豎立起來以保護自己。藉由將身體確實地蜷曲成球狀，來保護不堪敵人一擊的脆弱腹部。有時也可聽到「咻—咻—」的警戒叫聲。

此外，睡覺時也可能會將身體蜷曲起來，但因為身體沒有用力的關係，刺並不會豎立起來。

（關於將身體蜷曲成球狀的構造請參照P143~144。）

●只豎起額頭的刺

受到驚嚇時、發生不愉快或不安的事情時，以及變得小心謹慎的時候，刺蝟就會只豎起額頭部分的刺。這時臉部會皺起來，把刺向前挺出，就像遮陽帽一樣。

雖然還不到蜷曲身體警戒的程度，但在刺蝟有點受到驚嚇或不安時，甚至就算是已經馴養的個體，在觸摸牠的臉部附近時都可能會出現這種情況。有時還會用豎起刺的頭部頂撞過來，飼主可要小心才行！

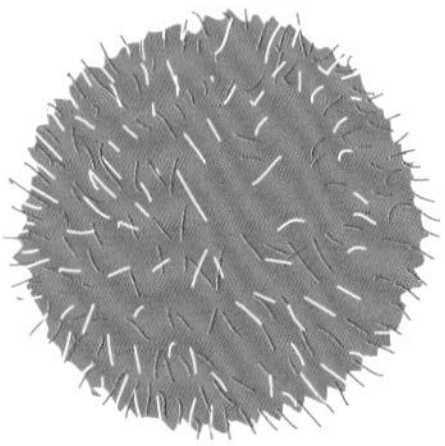

從角落偷偷地窺視情況……

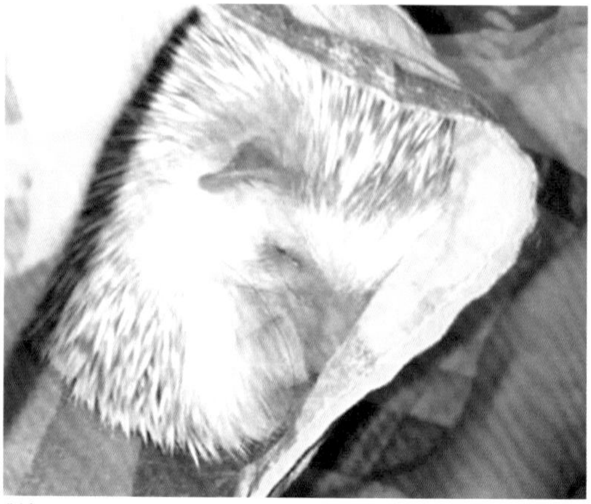

對飼主的氣味感到安心地酣睡著。

●讓刺倒下來

說到刺蝟，總是給人一種會將刺豎起來的印象；其實在可以安心的環境中，如果沒有警戒，對人也相當習慣的話，刺就會順著背部平躺下來，可以讓人直接用手撫摸。

不過，即使相當馴養了，如果被突然的聲響等驚嚇到，還是會豎起額頭的刺或是全身的刺，進入警戒模式。

刺蝟的叫聲

一般人往往認為刺蝟是不叫的，其實在警戒的時候或是心情好的時候，刺蝟出人意料地會發出各種叫聲，或是從鼻子發出聲音。

另外，有時飼主以為的叫聲實際上可能是呼吸器官疾病所造成的異常呼吸音，所以當聽到和平常不同的叫聲，或是覺得好像不是會發出叫聲的狀況卻發出叫聲時，請多加注意。

●警戒

當刺蝟警戒時、覺得不舒服時，或是正在做某事而受到打擾等時，會連續不斷地發出「噗、噗…」的短音調的叫聲（聽起來就像發不動引擎的汽車一樣）。同時也會豎起額頭的刺，將頭往前伸出，或是好像跳躍般跳起來，一邊發出鼻音。也可能會一邊蜷曲身體，一邊發出「咻──」的叫聲。

豎起頭上的刺，小小警戒中。

好奇心旺盛，不管哪裡都鑽進去。

●寶寶的叫聲

像鳥囀般輕快音調的叫聲是剛出生的小寶寶的叫聲。隨著日漸成長，聲音也會逐漸變大；不過等到牠變得能夠自行四處走動後，就聽不到這種叫聲了。

●繁殖時的叫聲

繁殖時，公刺蝟會一邊繞著母刺蝟打轉，想吸引母刺蝟注意般地發出「嗶－嗶－」的溫柔叫聲。

●放鬆時

當刺蝟放鬆、感到滿足時，會發出像貓咪從喉嚨發出般的咕嚕咕嚕聲。

●探險時

到處探險、四處尋找食物時，會發出好像從鼻子發出的哼哼聲。有報告認為這對夜行性的刺蝟來說，可能和回音定位（藉由發出的聲音碰到對象物後彈回來的聲音，來判斷對象物的位置和距離）有關係。

●悲鳴

當刺蝟遭遇到恐怖的事或是感覺痛苦時，會發出像小貓或寶寶叫聲般的悲鳴聲。

刺蝟的感覺

●視覺

刺蝟的視力並不算好。由於是過著在地面上到處走動，以地上昆蟲類為食的生活，因此也可以說視力好不好對牠們的生活並沒有太大的意義。入夜後，即使是在微暗的狀態中，牠們仍然有某種程度的識別力。

在西歐刺蝟的研究報告中指出，牠們的視網膜上只有和視物相關的視桿細胞，而沒有和色覺相關的視錐細胞（表示牠們只看到黑白世界）；不過也有報告認為，有些刺蝟的視桿細胞中有部分為視錐細胞型，因此只要經過辨色訓練，就可以從灰色和藍中色辨識出黃色。

另外，一般認為白化症的動物幾乎不具視力，但對於原本就不怎麼依賴視覺的刺蝟來說，這一點並無須在意。

有沒有藏著什麼好吃的東西呢？

好像有什麼怪味道～來塗唾液吧！

嗅覺

刺蝟是擁有極佳嗅覺的動物，腦部的嗅葉（感受氣味的地方）非常發達。尋找食物、警戒捕食者、了解自己的所在處、尋找繁殖對象、母子間的相互尋找等等，對刺蝟來說，嗅覺是非常重要的感覺。

要馴養刺蝟時，之所以要讓牠記住飼主的氣味，就是因為牠具有這種優異的嗅覺之故。

■裂唇嗅反應

刺蝟有時會有將鼻子抬高、嘴巴微張、捲起上唇，好像要嗅聞空氣味道般的動作。這在馬、牛、羊、貓等動物身上也可見到，稱為裂唇嗅反應（被稱為「馬在笑」的表情就是裂唇嗅反應）。

對人類來說，「嗅聞氣味」的器官只有鼻子而已；但這些動物們的口腔上顎有一種名為「犁鼻器（也稱為鋤鼻器、賈可布森器）」的器官也會感受氣味（哺乳類、蛇和蜥蜴也有犁鼻器。雖然人類身上也有，但並沒有作用）。

使用這個部分來接收氣味的行為就是裂唇嗅反應。舔舌頭也是為了將氣味分子送進犁鼻器的行為之一。

聽覺

刺蝟的聽覺也非常發達，能夠分辨飼主的聲音和他人的聲音。牠們能聽到的音域範圍遠超過人類，有研究資料認為長耳刺蝟可以聽到60千赫以上的聲音（人類可以聽到的只到20千赫）。在前頁中介紹了刺蝟的各種叫聲，其實刺蝟也會發出人類無法聽到的超音波領域的叫聲，特別是作為母子間的溝通手段時。

刺蝟收集！

刺蝟商品大收集①

喜歡刺蝟的人，不知不覺中也會喜歡上刺蝟題材的商品呢！
經營全部和刺蝟相關的HP「Opotachi's Page」的お～ふぁさん＆おぽたちさん夫妻，介紹了多種從日本國內外收集到的、稱之為「刺蝟收集」的刺蝟商品。
他們的夢想是去歐洲四處走走，購買刺蝟商品，並且去看看歐洲野生的刺蝟！是真正的刺蝟迷。在此要為大家介紹這兩人挑選出來的刺蝟商品！

穿上變裝服的嬰兒娃娃（美國）。

青銅製的裝飾品（奧地利）。

古玩，磁器製的迷你掃帚（奧地利）。

由泰迪熊藝術家製造的、僅有3cm的超迷你刺蝟布偶（美國）。

出現在挪威動畫電影中的刺蝟造型布偶。

1995年發行的紀念幣（舊波士尼亞與赫塞哥維納）。

圖片提供：Opotachi's Page http://www.pretty.ne.jp/~opotachi/

第 4 章

刺蝟的居住環境

chapter 4 ...Housing Hedgehogs

居住上的必需品

建造住處的準備

來為刺蝟準備舒適的住處吧！雖然無法做到如同野外的環境，但還是請飼主有效地採用第3章中介紹過的野生生活要素，建造更好的住處。

對刺蝟來說，飼養設備就相當於「住家」。有籠子或水族箱等各種不同的選擇項目，請考慮各個優點和缺點來做選擇。家裡必須有「家具」。只要鋪上地板材，再放進餐碗、飲水容器、床鋪等東西，就完成最低限度的刺蝟住處了。也可多加廁所、滾輪之類的遊戲道具（如果刺蝟願意使用的話）。

選擇飼養設備的要點

●安全性

首先最重要的，就是要將刺蝟能否安全地生活視為最優先。

如果選擇籠子，金屬網的部分最好是未經塗裝、不會生鏽的不鏽鋼製品。若是鍍鋅的製品，可能會因為啃咬金屬網而攝入過多重金屬，引起鉛中毒。請檢查是否經過安全處理後再行選擇吧！

衣物箱、塑膠箱等石油化學製品可能會成為過敏的原因。雖然就刺蝟而言並不是常見的案例，不過開始飼養後，如果出現過敏症狀又找不出其他原因時，最好重新檢視飼養設備。

Tips

不管是飼養設備還是生活用品，目前幾乎找不到為「刺蝟專用」而製造的商品，所以只能使用其他小動物用的商品。這時，請理解商品並不是為了給刺蝟使用而製造的，因此使用時請考慮安全層面以免發生意外。

還有，使用新的飼養用品時，在剛開始的一段期間中必須要注意是否會引起不適。

不管使用何種飼養設備，都要避免讓刺蝟脫逃。只要頭部能進入籠子的網目隙間，就有逃脫的可能。尤其是養小刺蝟時，請特別注意（可使用水族箱飼養，或是外面再張掛細網等）。

使用衣物箱或水族箱時，還需注意高度。如果刺蝟用後腳站立時，能夠將前腳搭在水族箱邊緣、提起身體的話，就有可能跑到外面。請注意刺蝟將巢箱上方等作為踩腳處爬上去時會不會有問題。高度不太足夠的飼養設備，一定要蓋好蓋子。

●管理的便利性

除了對刺蝟而言必須要安全又容易居住，選擇時還得考慮到管理的便利性。例如想要整個清洗飼養設備而要搬到浴室去時，如果太重或太大的話，搬動起來會非常吃力。如果是像籠子般附有門的設備，有一個大門的話，巢箱要拿進拿出或是清掃時就會很方便。

●適當的尺寸

就算會將刺蝟放出來遊戲，但以大部分的情況而言，刺蝟待在飼養設備中的時間還是比較長的。飼養設備請選擇放進生活用品和玩具之後，仍然十分寬敞的尺寸吧！對於不做上下運動的刺蝟來說，高度並不是那麼重要，只要站立時不會碰到頭的程度就可以了，不過底面積卻是以盡可能寬敞的會比較適合。

國外獸醫學書籍推薦的底面積最低限度尺寸是60×90cm。在針對飼養者的書籍中，從最窄的30×60cm，到DIY寬敞的4×3呎（122×91cm）等等，有各種不同的尺寸。寬敞當然很好，不過一般來說，以60×90cm左右的底面積被認為是最理想的，還是盡可能準備寬敞的飼養設備吧！前面所說的30×60cm其實是非常狹窄的，請務必要讓牠有充分運動的機會才行。

飼養設備

●籠子

■優點 尺寸多且容易購得（小一點的有倉鼠用、兔子用、雪貂用等，想要大一點的底面積也有犬用的）。夏天時通風佳，較為涼爽。

■缺點和對策 冬天較為寒冷（請使用寵物電熱器，也可覆蓋毛毯保溫，或是在冬天時換到水族箱）、周圍因為地板材等散落而髒污（勤加清掃，下面可以大範圍地鋪上報紙）、網目大的話，小刺蝟會脫逃（小時候用水族箱飼養，或是張掛細網）、底部的金屬網（隔離糞便的鐵絲網）會勾到腳（將底部的鐵絲網拆卸後使用）。

●玻璃水族箱

■優點 具保溫性。和衣物箱比起來，更容易觀察到內部的情況。

■缺點和對策 大尺寸的會很重，不容易管理（可以用玻璃以外的材質）、只能從上方接近刺蝟，所以尚未馴養時容易嚇到刺蝟（可以先開口叫牠，讓牠漸漸習慣）、通風不良、容易讓暑氣停滯而變得不衛生（夏天時改換到籠子）。

＊水族箱也有壓克力製品，和玻璃製的比較起來重量輕且不容易破裂，不過容易刮傷，價格也比玻璃水族箱高。

●衣物箱

■優點 大尺寸的箱子也能低價購得。容易進行鑿開氣孔和飲水瓶洞孔等的加工。因為輕，處理上也輕鬆。

■缺點和對策 視情況必須加工（鑿開氣孔或飲水瓶洞孔、另外準備蓋子等）、容易刮傷，成為細菌增殖的溫床（勤加打掃。由於價格便宜，可於適當時期進行更換）、不耐熱（使用電暖器時需注意耐熱溫度）。

＊氣孔要使用電鑽等在衣物箱上部的幾個平面上適當地鑿開洞孔。至於蓋子，可將原本附屬的蓋子用壓克力切割刀等裁切開來後，安裝鐵絲網（烤肉網等），或是在衣物箱本體邊緣開洞後，用紮線帶安裝鐵絲網等，有各種方法。如果刺蝟用後腳站立並伸出前腳時搆不到箱子邊緣的話，這樣的高度就不需用蓋子了。

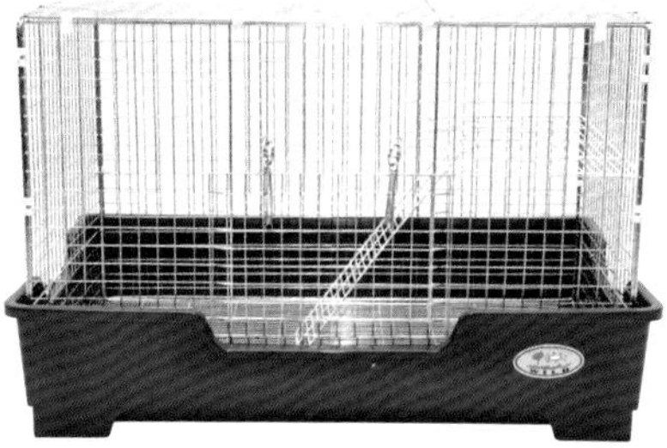

●籠子
（寬58×深30.5×高36cm）

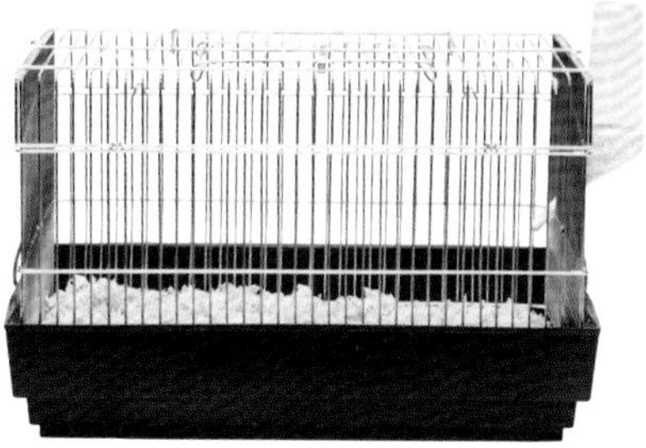

●籠子
（寬81×深51×高53.3cm）

●衣物箱

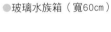

●玻璃水族箱（寬60cm）

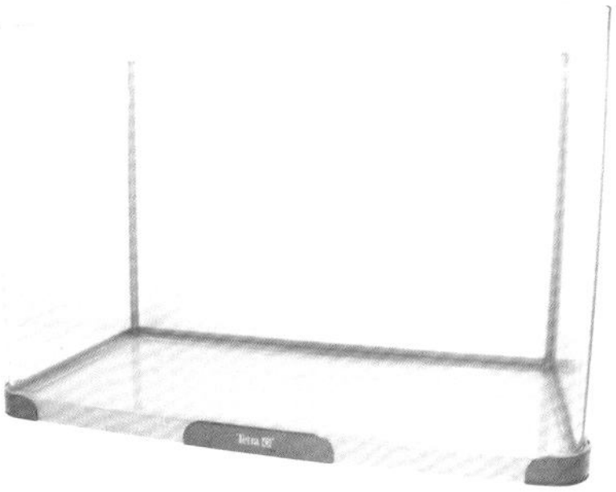

●玻璃水族箱（寬60cm）

●塑膠箱

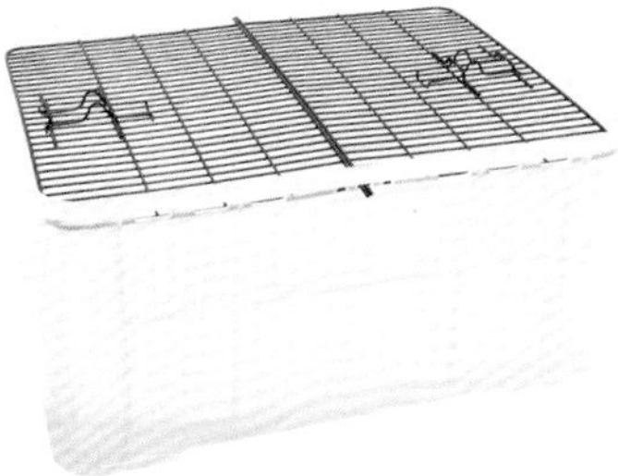

●儲物箱

生活用品

●地板材

鋪在飼養設備的底部。挑選時要注意必須能夠充分吸收排泄物、啃咬也不會有問題、不會引起過敏、不會產生粉塵、不會傷到腳等。此外，就勤加打掃、經常保持在衛生狀態的目的來說，價格低廉也是非常重要的。

■牧草（提摩西草）

可以使用市面上販賣來作為兔子或天竺鼠等草食動物餌食的提摩西草（稻科的牧草）。二割或三割型的較為柔軟，適合作為地板材，不過吸水性就沒有那麼好。比起鋪滿整個底部，也可以採取部分性地鋪設以增添變化的使用方法。有的莖或葉子較長，可能會纏腳而難以步行，最好裁切成適當的長度。

■木屑

切削木材製成的木屑，有以針葉樹作為原料的，也有以闊葉樹作為原料的。杉樹或松樹等針葉樹製品有好聞的香氣，不過含有芳香成分——酚這種揮發物質，目前已知可能會引起過敏症狀，或是藉由呼吸被體內吸收後，為肝臟和腎臟帶來不好的影響。使用木屑時，請選擇白楊樹等闊葉樹的木屑。

■紙砂

將吸水性佳的紙張壓縮後製成的，主要是用來作為小動物的便砂。

■便砂

貓用或小動物用的便砂也可以作為地板材使用。有各種不同的類型，不過對刺蝟來說，以將木屑壓縮成固狀的、紙製的、豆渣製的會比較適合。請選擇萬一啃咬也很安全、不會產生粉塵、濕濡也不會凝固的產品。

■寵物尿便墊

吸水性和除臭效果高，只是容易鉤到爪子。還有，刺蝟可能會鑽進尿便墊等下方，所以必須視個體的狀況來使用。如果刺蝟會去吃尿便墊內部的吸收體，就不要繼續使用。

■報紙

可以展開鋪滿整個底部、撕碎或以碎紙機絞碎後使用。使用碎紙機絞碎時，請注意碎屑不要過長，以免發生腳被纏住的意外。使用報紙需注意油墨的毒性，不過現在大多使用植物性油墨，所以在安全方面不需太過擔心。只不過，油墨的顏色可能會沾附在刺蝟的腹部等。和寵物尿便墊一樣，有些個體會想鑽進報紙下面。

●木屑

●便砂（木製）

●牧草（提摩西草）

●便砂（豆渣製）

●便砂（豆渣製）

餐碗

選擇有重量而不會翻倒的餐碗、能夠衛生地加以使用的餐碗（塑膠製的容易刮傷，成為細菌增殖的溫床）、有某種深度的餐碗（方便進食、周圍的地板材不容易掉入，也不容易因為吃相差而弄髒四周；但需注意過深會不容易進食）。建議使用不鏽鋼製或是陶器製的餐碗。為了防止地板材進入，有個方法是用磚頭等建造比地板材稍高的場所，將該處作為刺蝟的餐桌。

飲水容器

考慮到衛生方面，最好使用飲水瓶來喝水。要讓刺蝟獨自在家時，如果刺蝟不會使用飲水瓶就傷腦筋了，所以還是早點讓刺蝟學會使用吧！

使用碟子給予時，請選擇有某種深度的餐碗。萬一有地板材或排泄物、食物等進入，水就會髒掉，所以要經常更換。和餐碗一樣，請想辦法避免地板材掉入。

睡鋪、隱藏處

野生的刺蝟會選擇隱蔽處作為巢穴。在飼養設備中也必須有可以讓牠安心睡覺及隱藏休息的場所。如果空間足夠的話，不妨準備好幾個。其中必不可少的就是大小足以在裡面伸展身體的睡鋪。

■**巢箱**：絨鼠（龍貓）用、兔子用等的都可以挪用。瓦楞紙箱也ＯＫ。

■**睡袋**：在國外有將刷毛布縫成袋狀、稱為「hedgiebag」的刺蝟專用睡袋。也可以自己縫製。尺寸約25×30㎝左右，最好是像刷毛布般質料密實的布料，避免粗織的布和毛巾等呈紗圈狀的布。注意縫的針腳要細，爪子才不會鉤到。

■**躲藏處**：木製的小動物用或爬蟲類用、觀賞魚用等的都可以挪用。也可以將素燒的花盆等放倒使用。用岩石或石頭製成的產品在爬上爬下或是挖掘時，多少也有削磨爪子的優點。

●便盆&便砂

有些刺蝟會在同一場所排泄，所以如廁訓練是可能的。如果要放置便盆的話，請選擇兔子用或雪貂用的小型便盆，保鮮盒之類的也可以。請確認刺蝟是否能輕易進入便盆容器中。

便砂請選擇不會凝固的類型。一濕就凝固的類型很可能會黏在生殖器上，造成危險。

●餐碗（陶器製）

●飲水瓶（安裝在籠子側面型）

●飲水瓶（可吊掛型）

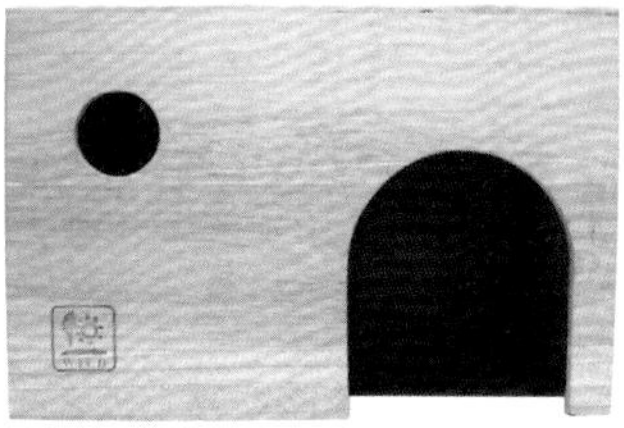

●睡鋪（巢箱型）

●餐碗（不鏽鋼製）

●睡鋪（巢箱型）

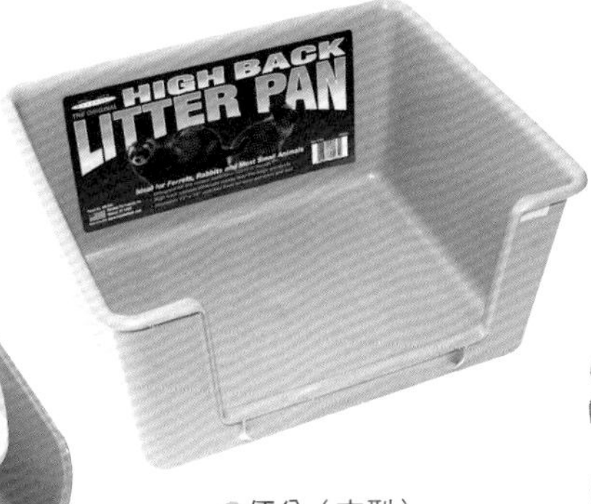

●便盆（方型）

●便盆（角落型）

●躲藏處（圓頂型）

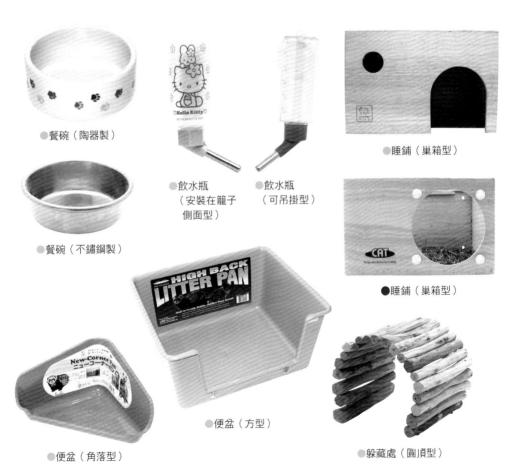

其他用品

●體重計

為了刺蝟的健康管理，請定期為牠量體重吧！以0.5～1 g為單位，最大計量為1～2 kg（一般只要1 kg就足夠了，不過將體重較重的個體裝入塑膠盒中測量時，可能會超過1 kg）的廚房用電子秤最適合。

如果刺蝟可以靜止不動的話，可以直接放上去測量，或是放進塑膠盒或籃子裡測量，再減掉容器的重量。

●溫度&濕度計

刺蝟是不耐熱也不耐冷的動物，所以溫度管理非常重要。還有，從衛生方面來看，維持適當的溫度、濕度也是不可缺少的。因此一定要在刺蝟居住的場所附近設置溫度計和濕度計來做測量。使用水族箱型容器飼養時，也要檢測水族箱內的溫度。

如果有最高最低溫度計，就能夠記錄不在家期間的溫度變化。回到家後發現刺蝟有不適的情形時，原因經常在於出門期間的溫度（太熱、太冷）上。最好事先備齊，以作為幫助溫度管理更加確實的物品。

●提袋・提籠

帶往動物醫院時，或是要帶刺蝟出門時，請使用提袋或提籠。清掃飼養設備時，也可以暫時性地移到裡面放置。從倉鼠用的大型提籠到兔子用或雪貂用、小型犬用的小型提袋等，都可以使用。

如果只從實用面來考慮的話，只要有適當尺寸的塑膠箱就足夠了。塑膠箱也可以使用在尚未習慣人的刺蝟進行健康檢查（將刺蝟放入後，從底部觀察腹部）上，最好準備一個。

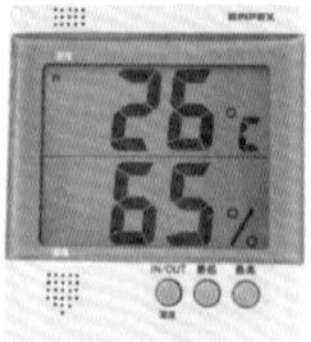

●溫濕度計（電子式）

●體重計

●提籠（暫時移動用）

●提袋（兔子用）

●溫濕度計（指針式）

●冷暖器用品

請為怕冷也怕熱的刺蝟準備冷暖器用品吧！在飼養設備內使用的物品，夏天有大理石等天然石板、鋁板等，冬天則有寵物電暖器、爬蟲類用的保溫燈、雛雞燈泡等。

●手套

如果刺蝟已經馴養了，可以直接用手拿，而且為了讓牠馴服，讓牠習慣飼主的氣味也是比較好的，所以最好不要使用手套；但如果是尚未馴養、會將身體蜷曲起來的刺蝟，還是準備個手套會比較好。厚手套會讓感覺遲鈍，難以斟酌力道，所以請使用薄的皮手套。如果沒有皮手套，也可以用毛巾來代替。

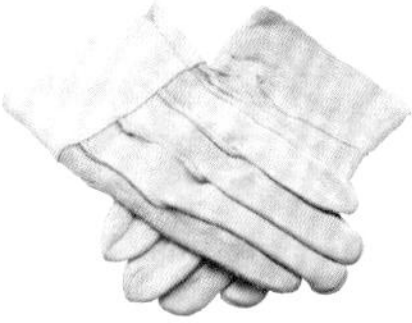

●皮手套

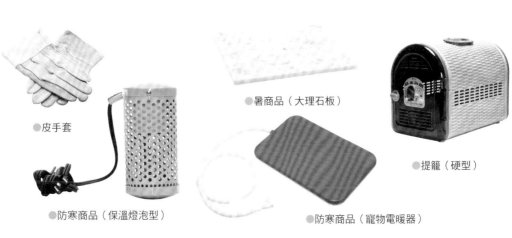

●暑商品（大理石板）

●提籠（硬型）

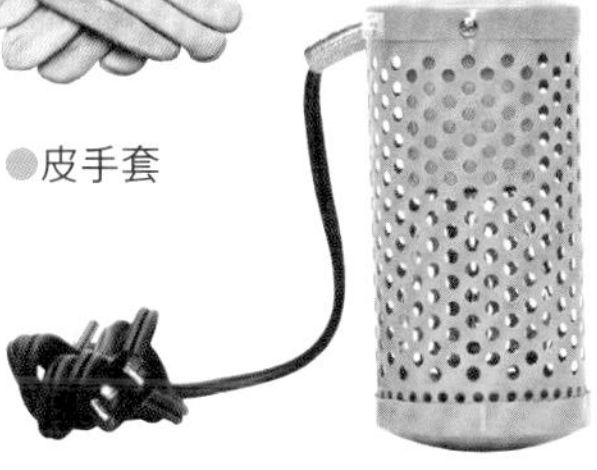

●防寒商品（保溫燈泡型）

●防寒商品（寵物電暖器）

遊戲用品

刺蝟是具有活動力且好奇心旺盛的動物。在牠們的生活中積極帶入吃東西和睡覺之外的活動是非常重要的。不妨為牠們準備各種遊戲用品吧！（對刺蝟而言的遊戲是↓122頁）

●滾輪

刺蝟雖然不屬於快速走動的類型，但到了活動時間的夜晚，卻會在相當大的行動範圍內走動，是運動量很大的動物。而滾輪則是在有限的飼養空間內，可以讓牠們增加運動量的簡單方法之一。

請選擇可讓刺蝟自然活動的尺寸。如果太小，以背部反折的狀態長時間持續動作，會對脊椎造成負擔。成蝟以直徑30cm左右為大致標準。踩腳處以呈板狀或是細網者為宜，呈梯狀的商品可能會因為腳踩空而造成受傷。

刺蝟有在滾輪上排泄的傾向。請經常清掃、貼上容易撕掉的塑膠貼紙、鋪上寵物尿便墊、準備2個相同的滾輪、養成每日清洗的習慣等等，以容易實行的方法來解決這個問題。

●筒管・隧道

筒管和隧道玩具可以引出潛入、躲藏、爬上爬下、挖掘等刺蝟的各種行動。藉由經常活動，多少能夠防止爪子過長的問題，而且對還不習慣人的刺蝟來說，也可以成為躲藏處。

市面上販賣的雪貂用隧道、居家購物中心販賣的聚氯乙烯塑膠管等都可以使用；也可以用瓦楞紙箱或空面紙盒做成60頁所說的隱蔽處。

筒管請使用刺蝟能夠輕鬆出入的直徑大小，並且不要過長。當刺蝟怎麼也不出來時，要讓牠出來會變得很棘手，而且清掃起來也費工夫。由於也可能會在筒管中排泄弄髒，所以要以容易清洗的材質為佳；如果是自製的，最好是可以毫不猶豫用完即丟的東西。

●砂浴

刺蝟本來並沒有砂浴的習性，不過若做成可以砂浴的環境，也有些個體會享受砂浴的樂趣。請在比刺蝟身體還大的容器中放入燒砂等小動物的砂浴用砂（較粗的砂子）看看。請不要使用凝固型的便砂。

●其他玩具

即使是犬貓用、雪貂用或兔子用的玩具，只要是刺蝟有興趣玩的（啃咬、用鼻子推、叼著走、攀爬等）、安全的玩具，都可以試著給刺蝟玩玩看。

請檢查玩具上有沒有會傷到刺蝟的零件？有沒有像鈕扣之類啃咬中可能脫落的小零件？是否為可以吞入的大小？有沒有會鉤到爪子的零件？等等，從這些要點來加以選擇。

也可用磚頭做成簡單的迷宮，但需注意不會崩塌，或是做成只能爬上爬下的設置，對刺蝟而言都是很好的運動機會。

●滾輪（放置於地板型）

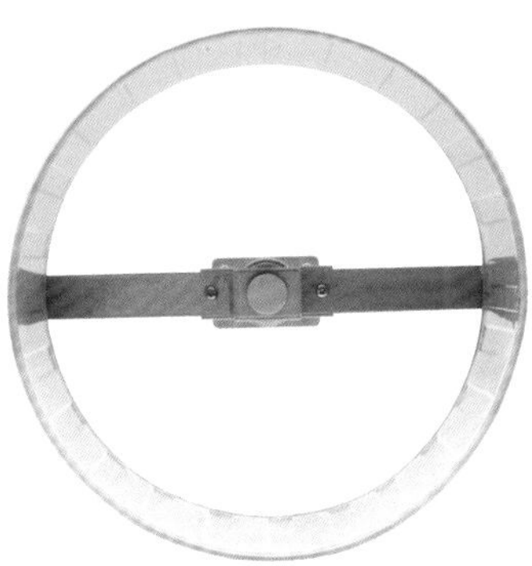

●滾輪（安裝在籠子側面型）

●雪貂用隧道

●躲藏處（鋼管型）

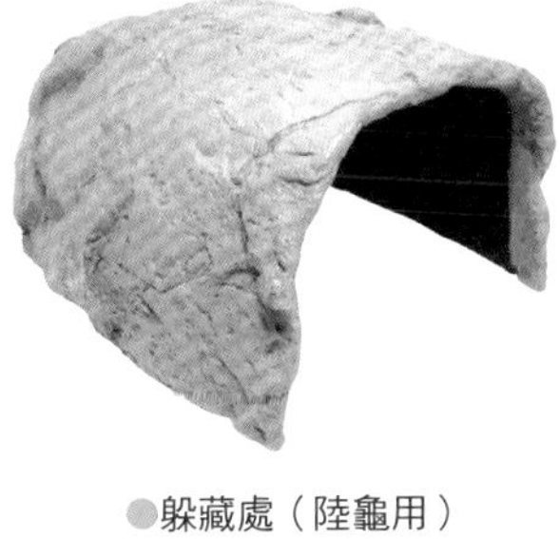

●躲藏處（陸龜用）

住處的擺設

在此要為大家介紹住處的擺設範例。雖然是考量了刺蝟適合環境的其中一例，但還是請在考慮到個體差異等因素下，來為你的刺蝟準備可以舒適生活的住處吧！

● 擺設前

■ **籠子：**刺蝟的腳被卡住會有危險，所以需拆掉底網。

■ **衣物箱：**請將內側充分洗淨。有時裡面會附有剝離劑，所以請使用中性洗劑清洗到不再感覺滑溜為止；充分清洗後，待其完全乾燥再實際使用。

■ **水族箱型．衣物箱：**不需要太高，如果有脫逃的危險性，一定要蓋上蓋子。

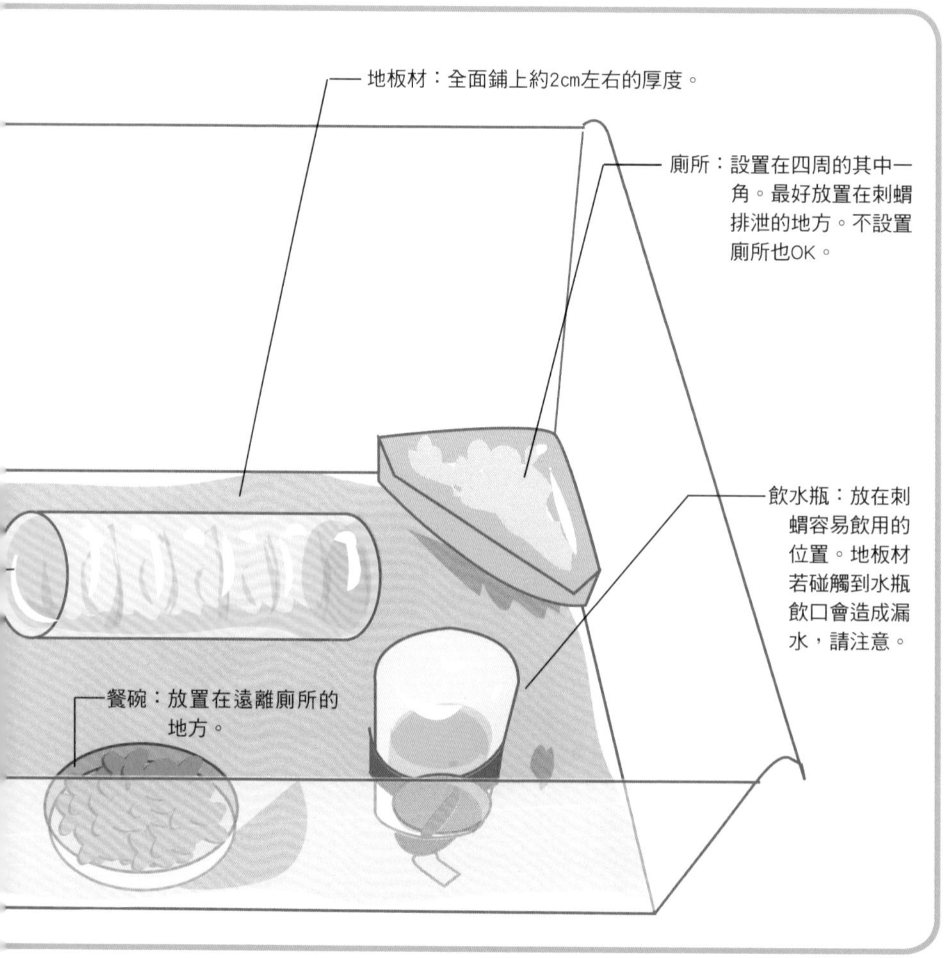
地板材：全面鋪上約2cm左右的厚度。
廁所：設置在四周的其中一角。最好放置在刺蝟排泄的地方。不設置廁所也OK。
飲水瓶：放在刺蝟容易飲用的位置。地板材若碰觸到水瓶飲口會造成漏水，請注意。
餐碗：放置在遠離廁所的地方。

HURRY HOUSE

《衣物箱的擺設例》

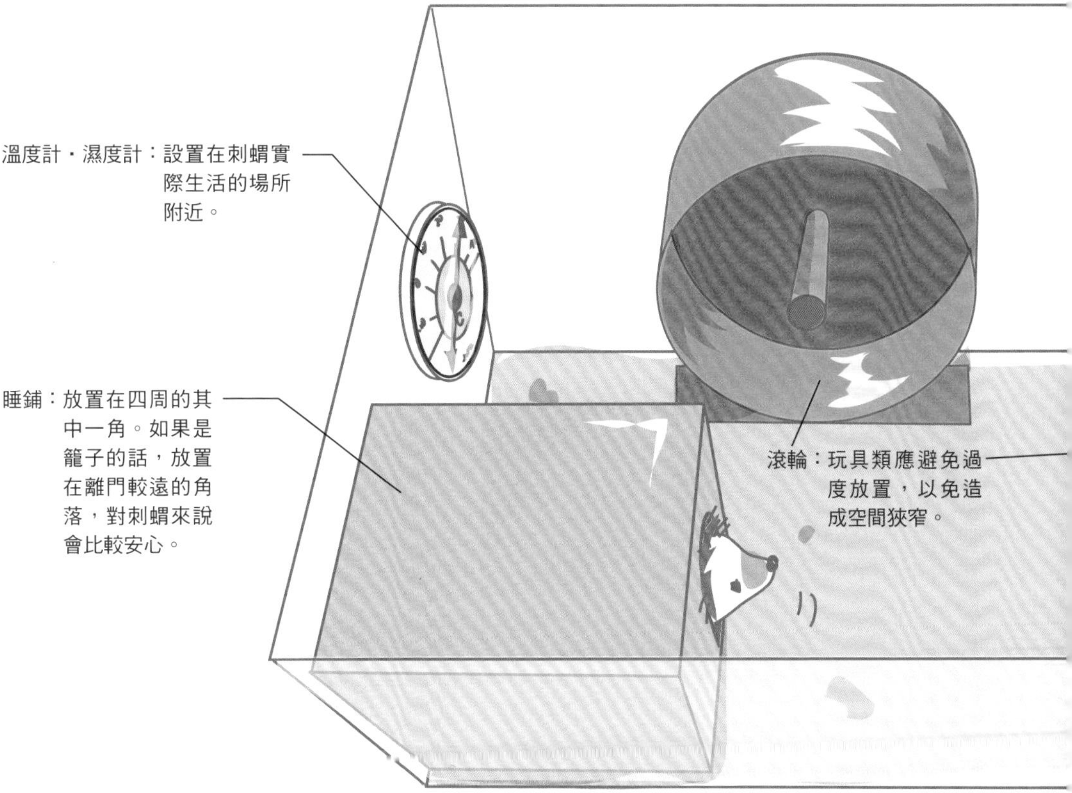
溫度計・濕度計：設置在刺蝟實際生活的場所附近。
睡鋪：放置在四周的其中一角。如果是籠子的話，放置在離門較遠的角落，對刺蝟來說會比較安心。
滾輪：玩具類應避免過度放置，以免造成空間狹窄。

籠子的放置場所

住處準備好之後，就把它放置在刺蝟可以舒適生活的場所吧！就算太吵或是太熱，刺蝟也沒辦法自己搬家。雖然每個家庭能夠擺放的地方各不相同，不過還是要儘量選擇適當的場所放置。

☑放置在不會吵鬧的場所。雖然生活噪音是無法避免的，但還是要避免放置在電視或音響等會發出巨大聲音的物品旁邊。不要忘了刺蝟的聽覺非常敏銳，可以聽到遠比人類高的周波數的聲音。

☑放置在不會振動的場所。如果住家正好面對大馬路，請儘量放置在振動不會傳達的場所。還有，也請注意避免大聲關門，或是啪嗟啪嗟地走在飼養設備旁邊。

☑請不要讓刺蝟和貓狗、雪貂等肉食性動物接觸，也請避免和倉鼠等小動物接觸。這是為了避免讓彼此產生多餘的精神壓力及受傷。因為刺蝟的嗅覺發達，即使牠們只待一下就走了，殘留下來的氣味還是會讓牠無法安心。

☑避免放在陽光直射的地方。尤其是夏天時，水族箱或衣物箱中因為通風不佳之故，溫度容易上升，可能會發生中暑。

☑請避開太熱或太冷的場所、濕度過高的場所、溫度變化劇烈的場所。冬天時，在人類活動的時段會使用空調而一直保持溫暖，但是晚上關掉空調後，氣溫可能會一下子驟降；還有籠子若放置在窗邊，溫度可能會在白天過度上升，夜晚則快速下降。

☑請放置在白天明亮、夜晚變黑的場所。刺蝟雖是夜行性的，不過一直處在陰暗處並不好。適當的光周期對於恆常性的維持或是荷爾蒙分泌的平衡是非常重要的。

☑放置在通風良好的場所、灰塵較少的場所，並注意換氣。

☑請避免放在有隙縫風吹進來的場所。尤其是用籠子飼養時更需注意。籠子若放置在門的附近，寒冷時期來自走廊的冷風吹入，可能會消耗刺蝟的體力。

☑請避免讓空調的送風直接吹到籠子。此外，使用火爐類時，請放置在相隔一段距離的地方。

☑請放置在沒有化學藥品等刺激性氣味的場所。要進行房屋牆壁的粉刷工程等時，請儘量移到不會受到影響的場所。

☑請放置在經常可見的場所。這樣不僅能讓刺蝟容易習慣人的生活，飼主也可以迅速發現刺蝟身體狀況的變化。

☑放置在可以安心生活的場所。不要放在房間正中央等會從四面八方受到人們關注的場所，最好沿著牆壁放置。

☑以衣物箱或水族箱飼養、不蓋蓋子時，請放置在上方不會有掉落物的安全場所。

我家刺蝟的住處介紹

case 1

在衣物箱（寬74×深44×高35cm）上裝設空氣洞孔和壓克力板窗戶、以自行改造的籠子飼養。窗戶部分是將衣物箱切割後，用熱融膠將塑膠壓條安裝在本體上，作為壓克力板的格欞。

地板材使用寵物尿便墊，一半為牧草和報紙的區域，另一半就保持尿便墊的樣子。將在塑膠盒上開洞製成的巢箱和刷毛布製的睡袋放置在牧草區中。

另外還放有：裝有不會凝固的貓用紙砂以用來代替廁所的盤子、靜音滾輪（也設置有計圈器）、餐碗和飲水容器、電子式溫濕度計等。我還做了一塊內裡縫上黑布的棉布來當作籠子的罩布。

（raco）

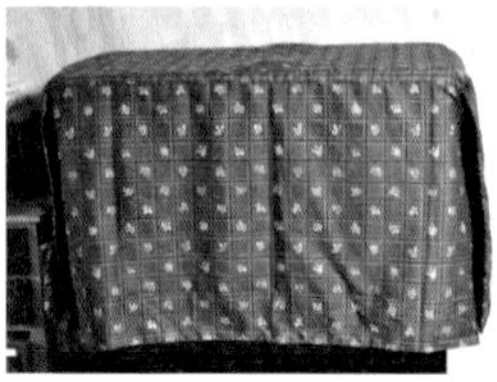

case 2

在60×90cm的幼犬用籠子上，全面掛設壓克力板。籠子中有自製的巢箱、水管隧道等，刺蝟會在隧道中鑽來鑽去或爬上爬下地玩。籠子中的不鏽鋼淺盤是我正在製造中的全不鏽鋼旋轉玩具。就連軸承也是不鏽鋼製的，所以就算清洗也不會生鏽。

（品田宏重）

• case 3

衣物箱裡鋪了貓砂（紙製或檜木製、豆渣製等）。照片中還有鋪報紙，但因為刺蝟會鑽進報紙下面，所以現在就不鋪報紙了。衣物箱中還擺設有自製的滾輪、房屋（照片中的蛋糕盒）、電熱器（僅冬天）、餐碗、飲水瓶等。

地板材大約每個禮拜更換一次。每天進行清掃，會拿掉貓砂凝固的部分和糞便，並且勤於清洗經常沾有大小便的滾輪。在衣物箱的蓋子上貼有溫度計，因為那是飼養刺蝟時不可欠缺的東西。

（KANAKO）

• case 4

我們家是利用衣物箱（50×38×30cm），在側面（3面）包上隔熱材，並將蓋子的部分鑿開，以便換氣。地板材是在寵物尿便墊上面鋪上約5cm的提摩西草。以前會混入吸濕用的木屑，但因為發現刺蝟會把它吃掉，所以現在已經不用了。此外還設置有稻草製的小屋、飲水瓶、溫濕度計。照片中也放有滾輪，不過隨著成長，刺蝟越來越不使用，所以現在已經沒有設置了。

（ナックル）

• case 5

組裝金屬架，在中段放置兔籠（80×40×50cm）。地板材主要是闊葉樹底板，夏天會鋪上紙砂，放入30cm的滾輪、溫濕度計、飲水瓶、睡鋪、餐碗等。睡鋪上鋪了刷毛布，冬天時會在下方安裝兔子用的可調式平面電熱器，籠子上也安裝了保溫燈泡（60W）。

（モトキ）

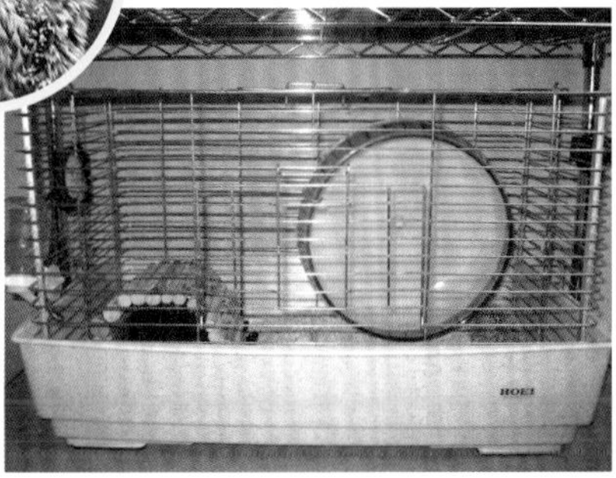

刺蝟收集！

刺蝟商品大收集②

接續52頁，要來介紹擁有許多稀奇物品的お～ふぁさん＆おぽたちさん夫妻的刺蝟商品收藏。到達這種地步，可以知道他們對刺蝟商品有多狂熱了！

不同顏色的吉祥物香包（法國）。

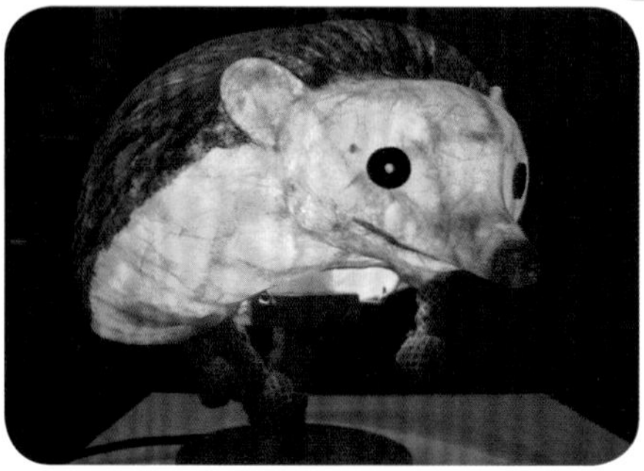

紙糊的刺蝟燈罩（日本）。

胸針（英國）。

別針紀念章（法國）。

1993年限量3000個，陶藝家製作的裝飾品（瑞典）。

紀念郵票收藏

荷蘭

瑞士

荷蘭

俄羅斯

瑞士

圖片提供：Opotachi's Page http://www.pretty.ne.jp/~opotachi/

第 5 章

刺蝟的飲食

chapter 5 ...Hedgehogs Diet & Nutrition

營養的基本

「吃東西」這個行為是生物存活的基礎。食物在口中嚼碎，在通過消化道的同時被消化吸收，並藉由代謝在體內被合成、分解成有作用的形態——這會成為能量來源，也會成為身體的構成成分和調節生理機能的成分材料，維持著動物的身體。

這些從體外攝取進來、動物所必需的成分稱為營養素。營養素各自擁有特定的功能，彼此相互影響地作用著。能否攝取適當的營養素，對動物的成長、健康、免疫力、繁殖和壽命等都會帶來重大的影響。

成為熱量來源的碳水化合物、脂質、蛋白質稱為「3大營養素」，和不會成為熱量來源卻是生存上不可欠缺的維生素、礦物質合稱為「5大營養素」，再加上水就稱為「6大營養素」。

碳水化合物

碳水化合物分為醣類和纖維質。醣類有單醣類（葡萄糖、果糖等）、雙醣類（蔗糖、寡糖等）和多醣類（澱粉、肝醣等），作為主要熱量來源，輸送到全身，被儲存在肝臟和肌肉。醣類不足會造成熱量不足，過度攝取則會成為肥胖的原因，提高糖尿病的風險。

纖維質（食物纖維）包含非水溶性食物纖維和水溶性食物纖維。兩者都是動物的消化酵素無法分解的，只會被腸內細菌分解其中的一部分。纖維質有助於刺激腸道，排出腸內的有害物質，具有將消化道內的環境恢復正常的功能。

脂質

和蛋白質及碳水化合物比較起來，脂質是更有效率的熱量供給來源。此外，它也是細胞膜、神經組織、荷爾蒙等的原料，可以形成免疫物質，也有保護血管、幫助脂溶性維生素吸收的作用，並且是體內無法合成的必需脂肪酸（亞麻仁油酸、α-次亞麻油酸、花生四烯酸）的供給源。

脂質一旦欠缺，就會出現熱量不足、痊癒力低下、皮膚乾燥等問題；過剩則成為肥胖的原因，容易發生脂肪肝或高脂血症。

（參考）貓的必需胺基酸與主要機能

精胺酸	與成長荷爾蒙的合成和體脂肪代謝有關，幫助免疫反應、強化肌肉
組胺酸	和成長有關，可輔助神經機能
白胺酸	提高肝臟機能、強化肌力
異白胺酸	促進生長、輔助神經機能、擴張血管、提高肝臟機能、強化肌力
纈胺酸	和成長有關，可調整血液中氮的平衡、提高肌肉、肝臟機能
離胺酸	修復組織、和成長及葡萄糖的代謝有關、提高肝臟機能
甲硫胺酸	降低組織胺的血中濃度、改善憂鬱症狀
苯丙胺酸	生成神經傳導物質、提高血壓、鎮痛作用、抗憂鬱作用
蘇胺酸	促進成長、預防脂肪肝的預防（也稱為羥丁胺酸）
牛磺酸	和神經機能、腦部發展、維持視網膜及心肌機能等有關（雖然可於體內合成，但由於分量不足，因此必須從飲食中攝取）

蛋白質

蛋白質是構成肌肉、皮膚、毛髮、指甲、骨骼、臟器等體內組織的成分，是和血液、酵素與荷爾蒙、免疫物質等有關的營養素，也是熱量的來源。

蛋白質是由20種胺基酸所構成的。因為其中有些必需胺基酸無法在體內合成，所以必須從飲食中攝取。目前對於刺蝟的必需胺基酸還不是非常清楚，不過由於大多數的動物都是共通的，所以在此介紹貓的必需胺基酸（參照上表）以作為參考。動物性蛋白質中含有均衡的必需胺基酸。

一旦欠缺蛋白質，就會引起生長遲緩、削瘦、被毛和皮膚狀態惡化、影響胎兒（成長遲緩、腦細胞數減少等）、免疫力降低等；過度攝取則會對肝臟和腎臟造成負擔，也會移轉成醣質或脂質，所以也會成為肥胖的原因。

維生素

維生素並沒有作為熱量來源或身體構成成分的重要性，不過作為幫助代謝的輔酶等維持生命上不可欠缺的營養素，即使微量，卻也是不可欠缺的東西。維生素雖然能在體內合成，但由於分量不足的關係，必須由飲食中攝取。因為維生素會相互作用，所以必須非常均衡地攝取才行。

維生素有脂溶性和水溶性，各有不同的作用（76頁）。脂溶性維生素的特徵是會溶於脂質中，儲存在肝臟，所以少有欠缺的情形發生，卻有容易過剩；反之，水溶性維生素會隨著尿液一起被排出，不容易過剩，卻容易缺乏。

因為食慾不振導致攝取的維生素量減少，或是因為伴隨著多尿症狀的疾病而造成水溶性維生素不足等，不同的狀況也會影響到對維生素的需求量。

礦物質

存在體內的元素中，除了碳、氮、氧、氫之外的無機質都稱為礦物質。必需量雖然只有微量而已，卻是身體的構成要素。作為電解質，與滲透壓等的調節機能有關，也可構成酵素與荷爾蒙來調節身體機能等，擔任著重要的任務（參照下表）。必需礦物質有24種，依體內的存在量被分為主要礦物質、微量礦物質與超微量礦物質。

主要維生素和礦物質的作用

			作用	缺乏	過剩
維生素	脂溶性維生素	維生素A	維持皮膚和骨骼的正常發育、視蛋白的構成成分、免疫作用等	新生兒的死亡率提高、骨骼變形、夜盲症、食慾不振等	成長遲緩、食慾不振等
		維生素D	磷與鈣結合時不可欠缺的、骨骼形成、骨骼吸收、免疫機能等	佝僂病、骨骼脫灰等	高鈣血症、石灰沉著症等
		維生素E	繁殖上不可欠缺的、抗氧化作用	懷孕異常、繁殖障礙、肌肉脆弱化或麻痺、免疫力低下等	（幾乎無害）
		維生素K	血液凝固上不可欠缺的	血液凝固時間延長、皮膚或組織的出血	（幾乎無害）
	水溶性維生素	維生素C	合成膠原蛋白、肌肉和皮膚等的強化、抗氧化作用等	（天竺鼠等無法合成維生素C的動物會導致敗血症）	（無害）
		維生素B_1	代謝碳水化合物時不可欠缺的、神經機能的維持等	食慾降低、肌肉脆弱化、體重減輕、多發性神經炎等	血壓降低等
		維生素B_2	胚胎發育、胺基酸代謝、促進成長等	繁殖障礙、胎兒畸形、成長不良、運動機能障礙等	（幾乎無害）
		維生素B_6	脂質的代謝和運送、不飽和脂肪酸的合成	痙攣、肢端疼痛症、食慾不振、成長不良、體重減輕等	（幾乎無害）
		菸酸	組織內呼吸的輔助	皮膚發紅、口腔內及消化道潰瘍、食慾不振、下痢等	（幾乎無害）
礦物質	主要礦物質	鈣	骨骼的形成和成長、血液凝固、肌肉作用、神經傳導等	抑制成長、食慾低下、後肢麻痺等	飲食效率和攝食量降低等
		磷	骨骼和牙齒的形成、體液、肌肉形成、脂質．碳水化合物．蛋白質的代謝等	和鈣相同，繁殖能力低下等	骨質流失、結石、抑制體重增加等
		鉀	細胞的構成成分、維持血壓、肌肉收縮、神經刺激傳達等	食慾不振、抑制成長、下痢、腹部膨脹等	（很少發生）
		鎂	和鈣、磷同樣，酵素的構成成分、碳水化合物．脂質的代謝等	心臟機能異常、腎臟病、容易亢奮、肌肉弱化、食慾不振等	尿結石、肌肉弛緩性癱瘓等
		鈉	體液的構成和維持、神經刺激傳達、營養攝取、排除老廢物質等	水分調節的異常、一般狀態的惡化、抑制成長、食慾低下等	(只要有攝取水分就很少發生)
	微量礦物質	鋅	酵素的構成成分和活性化、皮膚和傷口的治療、免疫反應等	抑制成長、食慾不振、毛髮生長遲緩等	（很少發生）
		錳	骨骼的形成、酵素的構成成分和活性化、脂質．碳水化合物的代謝等	成長不良、排卵異常、新生兒或胎兒的異常或死亡、睪丸萎縮	（很少發生）
		鐵	血紅蛋白合成、酵素成分等	營養性貧血、被毛雜亂、抑制成長等	食慾不振、體重減輕等
		鐵	甲狀腺素合成、成長和發育、組織的新生	營養性甲狀腺腫、被毛雜亂等	和缺乏時相同，食慾衰退等

刺蝟的飲食

關於刺蝟的營養需求量

要說明刺蝟的飲食時，首先必須告訴各位的是，目前我們尚未了解刺蝟的正確營養需求量。

野生的刺蝟以昆蟲為主食，而那些昆蟲的營養價值我們並不是非常清楚。即使是同種類的昆蟲，依該昆蟲所吃的東西不同，營養價值也會不一樣。而在刺蝟吃的所有食物中，動物性食物和植物性食物所佔的比例究竟為何，這一點我們也無法正確得知。

刺蝟究竟需要什麼？需要多少量？只能根據目前僅知的野生下的食性、身體的構造（牙齒和消化道等），以及刺蝟研究上的知識，再加上之前飼養刺蝟的前輩們累積而來的經驗等，這些全部都要加以思考，並且一邊觀察各位家中刺蝟的年齡、健康狀態、活動性、體格、排泄物等，一邊逐漸修正。

刺蝟的必需營養是？

目前關於飼養下的刺蝟所需的營養成分，一般的看法如下。

- ☑參考西歐刺蝟的食性（78頁），認為其主要食性為動物性食物，所以應充分含有高蛋白質，而且是動物性蛋白質。
- ☑昆蟲類是高脂質食物（85頁），不過考慮到刺蝟在飼養狀態下的運動量極少，還是採用低脂質食物為佳。
- ☑由於會吃外骨骼（像甲蟲一樣身體外側有硬殼）的昆蟲類，因此一般認為最好比其他的肉食性動物給予更多的纖維質。
- ☑和其他動物一樣，在成長期、懷孕・哺乳期必須給予充分的營養。
- ☑和其他動物一樣，鈣和磷應取得適當的平衡。鈣：磷＝1.2～1.5：1.0為理想。當磷的比例過高時，會妨礙鈣的吸收。

如何思考主食

在飼養狀態下，飼主無法給予和野生刺蝟相同的食物。不妨從寵物店販賣的寵物食品及各種飼料中，來想想要讓刺蝟吃什麼當做主食吧！

●從營養價值面來看

野生刺蝟所吃的食物大多是動物性食物，這一點無庸置疑。只要給予為肉食動物製造的「綜合營養食（82頁）」，就能夠準備不會讓營養極度偏頗的飲食。

一般認為也必須輔助性地給予纖維質多的食材。

●從環境豐富面來看

從環境豐富化（42頁）的層面來考慮的話，最好的方法大概是給予活生生的昆蟲類吧！不過，由於目前還不清楚刺蝟的正確營養需求量，而且每隻刺蝟的運動量都有差異，要以活生生的昆蟲類為主來設定菜單，是非常困難的一件事。

●從牙齒的健康面來看

貓糧和狗糧都有乾糧型和濕糧型之分。在野生狀態下，不管是有咬勁的甲蟲，還是像柔軟的蛞蝓之類的東西，刺蝟都會吃下肚，不過關於哪一種類型比較適合寵物刺蝟這一點，卻有各種不同

Tips

（參考）西歐刺蝟的食物

甲蟲目（步行蟲科）	78	鱗翅目（幼蟲／蛹）	67	蚯蚓	53
甲蟲目（金龜子科）	18	雙翅目（成體）	11	蛞蝓	26
甲蟲目（象鼻蟲科）	—	雙翅目（大蚊）	—	蝸牛	32
其他的甲蟲目	27	雙翅目（其他幼蟲）	6	兩生類	—
甲蟲目的幼蟲	15	其他昆蟲	—	爬蟲類	＜1
直翅目	19	蜘蛛綱（蜘蛛）	18	成鳥／幼鳥	8
蠼螋	82	蜘蛛綱（盲蛛）	22	鳥蛋	—
半翅目（同翅亞目）	2	甲殼類（鼠婦）	18	哺乳類	3
半翅目（異翅亞目）	2	甲殼類（沙蚤）	—	植物	82
膜翅目	42	多足類（蜈蚣類）	2		
鱗翅目（成體）	18	多足類（馬陸類）	69		

數值為該食物的出現次數（97件中）。取自「Hedgehogs」（Nigel Reeve）

的看法。

乾糧型在咬碎時會充分使用牙齒，使得牙垢脫落，不容易堆積成牙結石，一般認為有助於預防牙周病。就這一點來說，濕糧是比較容易黏附在牙齒上的食物。

然而刺蝟在野外是不吃樹果之類極端堅硬的東西的。因此也有人認為，像乾糧之類堅硬的食物會對牙齒造成過度的負擔；而且視顆粒的大小，也可能會卡在牙齒之間。當然，濕糧是柔軟的食物，對牙齒就沒有負擔。

就像這樣，乾糧和濕糧都各有優點和應該注意的部分。

目前的最佳選擇

目前刺蝟最佳的飲食內容，是採取以綜合營養食為主食，並輔助性地給予昆蟲類、蔬菜和水果類的方法（關於個別的詳細說明請參照次頁之後）。

請仔細觀察刺蝟的體重和體格、排泄物的狀態等，參考動物醫院的定期健康檢查結果，視需要來調整飲食內容吧！

Tips

刺蝟必需的營養需求量之大致標準

蛋白質 ……………………30～50%

脂質 ………………………10～20%

纖維質 …………………… 約15%

寵物飼料的特徵和給予方法

可以給予刺蝟作為主食的飼料有：貓糧、狗糧、刺蝟飼料、雪貂飼料、食蟲動物用飼料等種類。

其中又以不同的生命階段分為成長期用、成齡用、高齡用等，或是肥胖用（低卡）等種類，尤其是貓糧、狗糧更是被細分化。基本上，在刺蝟的成長期或哺乳期中要給予高蛋白質、高脂質的成長期用飼料；長大後則要改成減低脂質的低卡飼料。

此外，市面上也售有非常便宜的貓糧或狗糧。雖然高價的東西未必都是好的，不過要製造相當品質的產品通常也需要花費不少金額，因此在選擇便宜的飼料時，請務必仔細斟酌其內容（給予方法參照94頁）。

●貓糧

目前最適合作為刺蝟主食之一的就是貓糧。建議選擇可以信賴的廠商所出產的，脂肪成分少、纖維質多的肥胖貓用低卡型飼料，或是運動量較少的室內貓飼料。

幼貓用飼料雖然是高蛋白質的好飼料，不過脂質稍多。如果要給予的話，請考慮和其他食物之間的平衡，並讓牠有充分的運動。

有些貓糧是以魚肉作為主原料的，不過考慮到刺蝟本來的食性，還是選擇以獸肉或家禽作為主原料的產品吧！

●狗糧

狗糧也一樣，建議選擇可信賴廠商出產的脂肪分少、纖維質多的肥胖犬用「低卡」型。

如果比較狗糧和貓糧，貓糧大多含有更多蛋白質，更適合刺蝟。

各種飼料的營養價值一例

	粗蛋白質（%）	粗脂肪（%）	粗纖維（%）	備註
貓糧A	34.0	16.0	3.5	成長期用
貓糧B	35.6	14.2	10.1	肥胖用・罐裝
狗糧A	31.8	22.9	3.6	成長期用
狗糧B	24.5	8.8	14.6	肥胖用
刺蝟飼料A	32.0	5.0	8.0	
刺蝟飼料B	38.0	22.0	3.5	成長期用
刺蝟飼料C	32.0	5.0	6.0	
雪貂飼料A	38.0	18.0	3.5	維持期用
雪貂飼料B	35.0	16.0	3.0	高齡用
食蟲目飼料	28.0	11.0	13.0	

●刺蝟飼料

未必全是適合刺蝟的種類。若和貓狗用的比較起來，很多都還在研究開發中，而且有不少是嗜口性低的產品。請選擇可信賴廠商出產的，盡可能選擇嗜口性高的產品。

●雪貂飼料

高蛋白質、高脂質是雪貂用飼料的特徵之一。餵食太多很容易變得肥胖，必須注意。

●食蟲動物用飼料

就是吃昆蟲類的動物用的飼料。可以添加在其他食物中，採取輔助性的給予方式。

●貓糧

●狗糧

●雪貂飼料

●刺蝟專用飼料

●刺蝟專用飼料

●食蟲目專用飼料

食品的選擇方法

●看標示

寵物店裡並排著許多寵物食品。尤其是貓糧和狗糧的數量最多，讓人眼花撩亂，不知該選擇哪一種才好。

選擇時的大致標準之一，就是寵物食品的標示。此標示內容是由寵物食品公平交易協議會制定的「寵物食品標示相關公平競爭規約」所設定，可惜的是僅以貓糧和狗糧作為對象，刺蝟飼料或是刺蝟以貓糧為主食之類的情況都不在對象內，不過還是可以預先了解，作為選擇優質食品時的基準。

在此說明規約規定必須要標示的內容，還有選擇刺蝟主食時的重點。

❶標明該食品為狗糧還是貓糧

↓若要說哪一樣比較適合刺蝟，應該是貓糧。

❷寵物食品的目的（綜合營養食、零食、其他目的食品）

↓如果要作為刺蝟的主食，就要選擇「綜合營養食」。所謂的綜合營養食，是指只要給予貓狗該食物和水，就能夠維持健康、取得營養均衡的製品，滿足「寵物食品標示相關公平競爭規約施行規則」所規定的營養成分等基準。另外，在規約中也規定要清楚標示成長階段，像是「懷孕期／哺乳期」、「成長期」、「維持期」、「全成長階段」等的標示。

❸內容量

↓一次給予刺蝟的量是固定的。大包裝在經濟上是比較划算，不過請考慮是否能妥善保存。小包裝的或許比較能夠維持食品的品質。

❹給予方法

↓如果是綜合營養食，需標示適用的成長階段、體重、給予次數、給予量等。因為無法直接套用在刺蝟身上，所以請看94頁，施行適合刺蝟的給予方法。

❺保存期限或製造日期

↓寵物食品的保存期限在未開封下最多3年。開封後，維生素類就會遭到破壞，因此一旦開封，就要儘早食用完畢。如果只餵食一隻刺蝟，總是會有餵不完而持續給予舊食品的情況。這時就要分成小份加以冷凍保存（關於保存→98頁）。

❻成分

↓成分標示會記載粗蛋白質（%以上）、粗脂肪（%以上）、粗纖維（%以下）、粗灰分（%以下）、水分（%以下）。這是選擇刺蝟食品時，必須仔細檢查的要點之一。請參考79頁來加以選擇。

❼原料名

↓依使用量最多的順序來標示主要原料。最好選擇上位載記家禽或獸肉等動物性原料的商品。

❽原產國名

↓標示完成最後加工作業的國家。

❾事業者的名稱

↓和規模大小無關，請選擇值得信賴的廠商。

●其他重點

除了標示之外，最好也要檢查乾糧的顆粒大小。尤其是不泡脹就給予時，請選擇刺蝟容易咀嚼的小顆粒產品。

另外，不實際給予就無法知道的是「嗜口性」。可以向店家要一些試吃包，或是從朋友處分一點來試試看。萬一明明是很好的食品，刺蝟卻不願吃的時候，不要馬上就換成其他食品，而是要試著努力地讓牠吃該食品（98頁）。

Tips

寵物食品安全法

為了確保寵物食品的安全性，以保護寵物的健康，以愛護動物為目的，日本在2009年6月實行了寵物食品安全法（愛玩動物用飼料安全性確保法），對象是貓狗用的貓糧、狗糧（餵食刺蝟的做法在目前仍屬對象外，所以即使發生問題也得自行負責）。這項法律規定了製造業者等的申報、食品基準的設定、禁止不合基準的食品之製造・進口、禁止含有有害物質的食品之製造及進口等。

其中也限制了有致癌性等毒性之虞的抗氧化劑Ethoxyquin、BHA、BHT等的使用量，並且禁止對貓糧使用丙二醇。此外，必須將食品製造中使用到的添加物全部標示出來，不過已經含於原料中的東西就沒有標示的義務。

（監修：行政代書　伊藤浩先生）

關於活餌

●給予活餌的意義

如果只考慮營養面的話，只要能選擇優質的寵物食品，在密切注意觀察刺蝟的狀態下給予飼料，說不定刺蝟就能健康地度過。再者，應該有些飼主對於給予活餌這件事是非常排斥的吧！

然而，給予刺蝟昆蟲等活餌這件事，不僅在牠們的身體健康上，對於守護心理健康上也有重大的意義。因為不管怎麼說，牠們原本吃的就是那樣的東西，所以也具有環境豐富化的意義；而且嗜口性高，牠們通常會吃得很高興。缺乏食慾的時候，也可以作為招來食慾的誘因（不過其中似乎也有不喜歡活餌的個體）。

還有，若是食用外骨骼的昆蟲類，還可以削掉附在牙齒表面的牙垢。一般認為刺蝟必需的纖維質遠比貓狗來得多，而藉由食用昆蟲，也可以將外骨骼（幾丁質）作為纖維質來攝取（因為刺蝟原本就經常食用這樣的昆蟲類，才會被認為需要大量的纖維質）。

只不過，即使昆蟲類是牠們原本的攝食習性，但在野生狀態下所吃的昆蟲類，營養價值並不明確。活餌並不是營養價值安定的食物，因此以活餌為主的飲食，也有破壞營養均衡、產生肥胖等問題。還是巧妙地將活餌帶入飲食中，充分活用活餌的優點吧！

●活餌的一例

■麵包蟲

最容易取得的活餌之一。是名為黃粉蟲的甲蟲的幼蟲，在數次的蛻皮後會變成蛹，再變成甲蟲。任何階段都可以給予。對於幼小的刺蝟，最好給予剛蛻皮的柔軟活餌。

麵包蟲的鈣和磷非常不均衡，所以購入後要先移到別的容器中餵養，等提高營養價值後再給予刺蝟（87頁）。

萬一儲存有困難或是不想給予活餌時，也有罐裝的可供選購。

■麥皮蟲

大麥蟲的幼蟲。也有超級麥皮蟲等別稱。一般的麵包蟲就算長大也只有2cm左右，而這種卻是超過4cm的巨大類型。和麵包蟲一樣，最好在提高營養價值後再給予。

■蟋蟀

有黃斑黑蟋蟀和比較小的家蟋蟀2種。黃斑黑蟋蟀的動作比較緩慢，如果要讓刺蝟捕捉的話，黃斑黑蟋蟀比較適合。大小依週齡而異。剛蛻皮的似乎比較柔軟，容易食用。在家中養殖也不是很困難。

萬一儲存有困難或是不想給予活餌時，也有罐裝的可供選購。

■乳鼠

就是剛出生的老鼠幼體。這是營養價值高、嗜口性也高的食物，也是刺蝟沒有食慾時或想為牠添加營養時的優質食物。只是過度給予會造成肥胖，所以平常如果要餵食的話，請偶爾才給予吧！

也有冷凍的商品販售。給予時請務必恢復成常溫後再給牠（放置室內回溫，或是裝入塑膠袋中再以熱水解凍）。

活餌的營養價值一例

	蛋白質（%）	脂肪（%）	纖維（%）	鈣	磷	備註
家蟋蟀	64.9	13.8	9.4	0.14	0.99	
縞蚯蚓	62.2	17.7	9.0	1.72	0.90	
麵包蟲（成體）	63.7	18.4	16.1	0.07	0.78	
麵包蟲（幼蟲）	52.7	32.8	5.7	0.11	0.77	
麵包蟲（蛹）	54.6	30.8	5.1	0.08	0.83	
麥皮蟲（幼蟲）	45.3	55.1	7.2	0.16	0.59	
蚯蚓	60.7	4.4	15.0	1.52	0.96	
蠟蟲（幼蟲）	42.4	46.4	4.8	0.11	0.62	
乳鼠	64.2	17.0	4.9	1.17	-	Ca：P比 0.9～1.0:1

■蚯蚓

主要作為釣餌販售。請選擇紅蚯蚓或土場蚯蚓。至於虎蚯蚓，目前已知含有Lysenin這種會引起中毒症狀的成分。

■其他活餌

只要去爬蟲類專賣店或是有販售肉食熱帶魚的水族店，除了前述的東西之外，還可以買到蠟蟲、蠶等各種活餌。只要是作為昆蟲食性的爬蟲類餌食來販賣的活餌，都可以嘗試看看。

蟋蟀、蝗蟲、蝸牛、蛞蝓、蚯蚓等也可以在野外採集到，不過必須要避免農藥、化學肥料、除草劑、排放廢氣、受過污染的土壤等。

●麵包蟲

●麥皮蟲

●麵包蟲（罐裝）

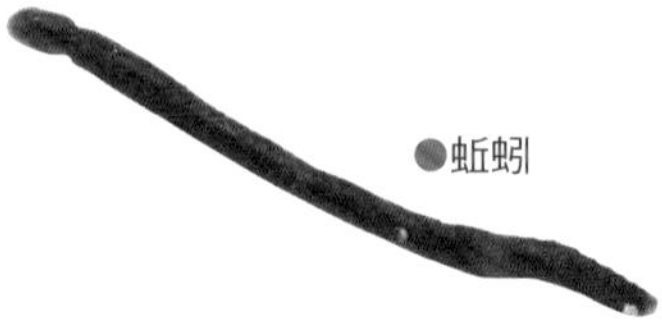

●蚯蚓

●蟋蟀（罐裝）

●家蟋蟀

●乳鼠

●麵包蟲的飼養方法

剛買回來的麵包蟲營養很不均衡，所以請移到其他容器中餵食，等到提高營養價值後再給予刺蝟。

❶準備塑膠箱。混合麵包粉（乾燥的）、切碎的飼料（刺蝟用、鳥用、餌料昆蟲用等）和鈣劑，全面鋪滿作為地板材。視放入的麵包蟲數量而定，厚度大約以3～5cm為標準。餌料昆蟲用的飼料在爬蟲類專賣店等均有販售。

❷一定要準備蓋子，以防成蟲逃走。不過確保通風也很重要。

❸從販售的包裝中取出麵包蟲放進飼養箱中。使用竹簍篩選比較輕鬆。

❹在蘋果等水果或紅蘿蔔等蔬菜上撒上鈣劑，並將用水泡開的飼料（貓的乾飼料等）放在地板材上作為飼料。

❺塑膠箱放置的場所最好是在溫度20℃左右，濕度較低、通風良好、陽光照不到的地方。放進冰箱裡就會呈冬眠狀態，停止成長。

❻每天清除吃剩的飼料、蛻皮的殼、屍骸等，每週更換一次地板材。地板材請經常維持在乾燥狀態。

❼想要繁殖時，請將成蛹的移到其他容器中，使其羽化。如果蛹就這麼放著的話，會被幼蟲給吃掉。幼蟲、蛹、成蟲全都可以給予刺蝟。

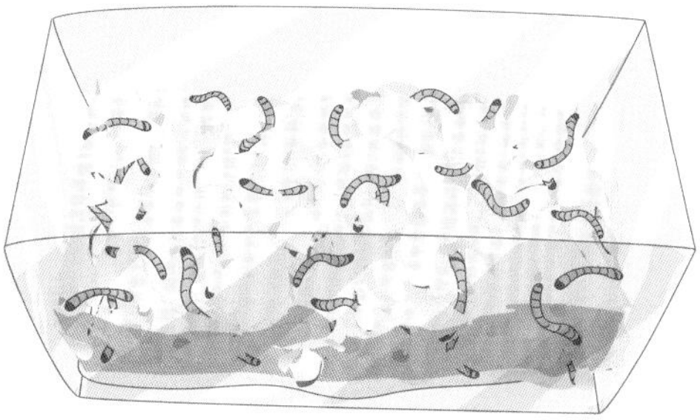

●蟋蟀的飼養方法

要給予蟋蟀時，也是一樣要先餵飼料來提高營養價值。而且，比起每次購買，在家中飼養、繁殖也比較不花錢。

❶準備塑膠箱或衣物箱。底部全面鋪上報紙或廚房紙巾，或是淺淺的一層土（寵物用或昆蟲用）。

❷為了增加蟋蟀生活場所的面積，要再放置摺成扇型或是弄皺的報紙或厚紙、紙製的雞蛋包裝盒等。

❸一定要準備蓋子，以防蟋蟀逃走。不過確保通風也很重要。

❹準備餵蟋蟀用的飼料、狗糧、撒上鈣劑的蔬菜屑、魚乾等，放在小碟子裡作為飼料。餵蟋蟀用的飼料可在爬蟲類專賣店等購得。

❺必須為蟋蟀準備水分。直接放置裝有水的容器會讓蟋蟀溺水，所以要在小碟子中準備浸泡水的海綿或紗布。

❻將塑膠箱放置在溫度25℃左右（寒冷時期要保溫）、通風良好的場所。

❼每天清除吃剩的飼料、蛻皮後的殼、屍骸等，並每週更換一次地板材。

❽如果想要繁殖，可在塑膠箱中放置裝有潮濕泥土的小容器作為產卵場所。

❾已經產下的卵如果放著不管會被吃掉，所以要移到其他容器使其孵化，比較有效率。這個時候，請保持25～30℃的溫度，並噴水以免乾燥（但也不能過濕）。

❿孵化後，和成蟲一樣地飼養。

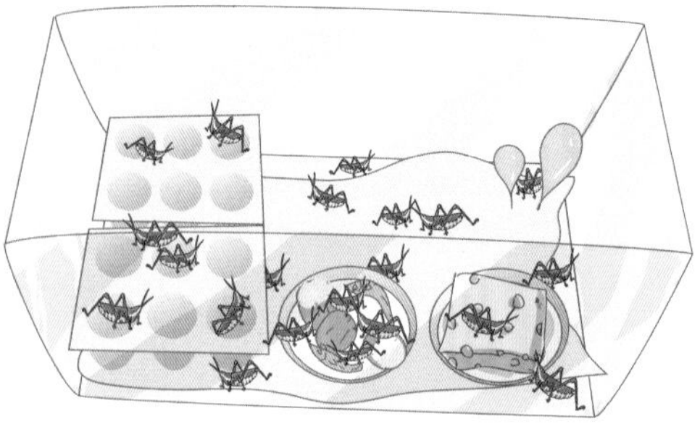

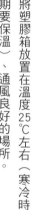

其他的動物性食物

也可以給予刺蝟活餌以外的動物性食物。

請注意不要光只給予這類的食物，造成刺蝟不吃最重要的寵物飼料，破壞整體的營養均衡。給予的量雖然只是少量，但務必給予各種不同種類的動物性食物。讓刺蝟的食物有多種變化是再好不過的。從這些食物中，找出刺蝟最喜歡的東西吧！

●為了找回食慾

只吃固定寵物飼料的個體一旦因為疾病或壓力等導致食慾低落時，不管給牠任何東西牠都不吃，很讓人傷腦筋。不過，若是能讓牠吃慣各種不同的東西，就可以改變食物的種類來餵食，而且若是有「這個的話一定會吃」的東西的話，那就太有幫助了。

●作為「零食」

可以將牠最喜歡的東西作為「零食」使用。如果在飼養初期就知道牠喜歡的東西，不僅能用在馴養方面，馴養後也可以作為交流的手段之一。只是，絕對不要以為零食不等於正餐，請注意給予的量。

●作為代替活餌的動物性食物

雖然刺蝟非常喜歡活餌，但有些飼主對給予昆蟲類這件事卻很排斥。在這種情況下，也可以給予活餌以外的動物性食物。

●作為容易取得的動物性食物

有些寵物店並未販賣活餌，而且活餌也不像貓糧等可以輕易地就在超級市場或便利商店購得。讓牠習慣吃容易取得的動物性食物，對飼主來說也具有重大意義。

●動物性食物的一例

■雞肉

將高蛋白質、脂肪分少的雞胸肉用水煮過後給予。

■內臟肉

可以給予肝臟或心臟。如果是新鮮到人可以生吃的程度，也可以讓刺蝟生吃。至於其他的生肉，因為有被沙門氏菌污染之虞，請不要給予。

■蛋

水煮後再給予。蛋白僅含少量的脂質，所以想給肥胖的刺蝟吃蛋時，可以只餵食蛋白。生蛋有遭沙門氏菌污染之虞，請不要給予。

■乳製品

起司的話，建議給予脂肪成分較少的白乾酪。也可以給予優格。想給予生乳時，最好避免牛奶（可能會因無法分解乳糖而發生下痢），而使用容易被分解的羊奶（山羊奶）。也可以使用狗奶、貓奶等。所有的乳製品剛開始都請少量少量地給予，再觀察一下情況。

其他動物性食物的營養價值

	蛋白質（g／100g）	脂肪（g／100g）	纖維質（g／100g）	鈣（mg／100g）	磷（mg／100g）
雞胸肉（水煮）	27.3	1.0	0	4	220
雞心（生）	14.5	15.5	0	5	170
雞肝（生）	18.9	3.1	0	5	300
牛心（生）	16.5	7.6	0	5	170
牛肝（生）	19.6	3.7	0	5	330
水煮蛋（全蛋）	12.9	10.3	0	52	180
水煮蛋（蛋黃）	16.7	33.3	0	150	570
水煮蛋（蛋白）	11.3	微量	0	7	11
鵪鶉蛋（水煮）	11.0	14.1	0	47	160
白乾酪	13.3	4.5	0	55	130
加工乾酪	22.7	26.0	0	630	730
優格（全脂無糖）	3.6	3.0	0	120	100
山羊奶一例	25.0	29.3	0.1	1160	810
貓奶一例	42.1	28.0	0.1	1110	980

■寵物罐頭

如果是給予乾糧作為主食的話，不妨偶爾給予罐頭來做個改變。此外，市面上有些手作的狗食中，也有可以給刺蝟吃的食材。

●白乾酪

●生肝

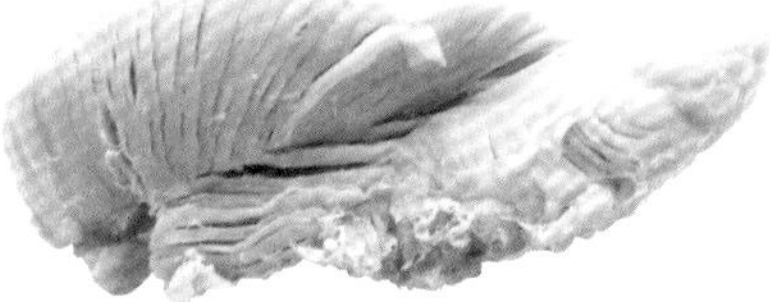

●水煮雞胸肉

●水煮蛋

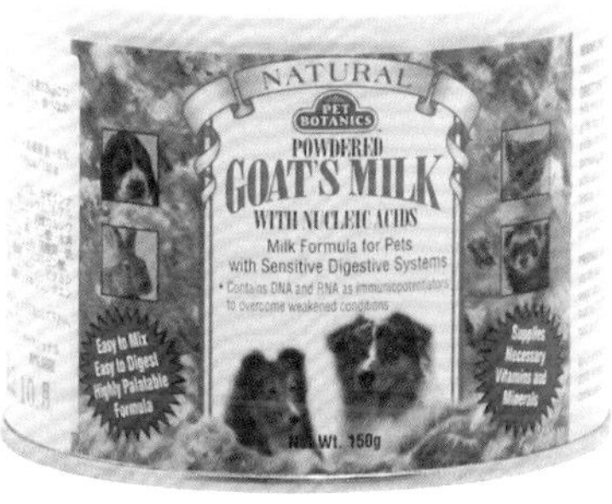

●山羊奶

蔬菜和水果等

由於刺蝟主要是吃昆蟲，所以以前曾經認為牠們並不需要纖維質多的植物性食物。不過就最近的知識來說，認為牠們或許比其他的肉食動物還需要更多的纖維質。

刺蝟所吃的昆蟲類的外骨骼（覆蓋身體的硬殼部分）是以幾丁質為主要成分。幾丁質是和纖維質相似的物質，所以飼養下的刺蝟如果只吃貓狗用的寵物飼料，就有纖維質不足的可能。

幾丁質和纖維質的功能並非完全相同，不過它和纖維質同樣都是非水溶性食物纖維，所以在刺激腸管、提高蠕動運動、促進適度的排泄、取得腸內細菌叢的平衡等作用上是共通的。還有，進食時也有去除牙垢的作用。

此外，雖說野生刺蝟主要是吃昆蟲等動物性食物，但牠同時也會吃下昆蟲類的消化管內容物（即植物）。

蔬菜和水果等的營養價值

	蛋白質（g／100g）	脂肪（g／100g）	水溶性食物纖維（g／100g）	非水溶性食物纖維（g／100g）	鈣（mg／100g）	磷（mg／100g）
紅蘿蔔（生）	0.6	0.1	0.7	1.8	27	24
紅蘿蔔（水煮）	0.6	0.1	1.0	2.0	30	25
番薯（生）	1.2	0.2	0.5	1.8	40	46
番薯（蒸）	1.2	0.2	1.0	2.8	47	42
高麗菜（生）	1.3	0.2	0.4	1.4	43	27
高麗菜（水煮）	0.9	0.2	0.5	1.5	40	20
小松菜（生）	1.5	0.2	0.4	1.5	170	45
小松菜（水煮）	1.6	0.1	0.6	1.8	150	46
南瓜（生）	1.9	0.3	0.9	2.6	15	43
南瓜（水煮）	1.6	0.3	0.9	3.2	14	43
蕃茄	0.7	0.1	0.3	0.7	7	26
蘋果	0.2	0.1	0.3	1.2	3	10
香蕉	1.1	0.2	0.1	1.0	6	27
梨子	0.3	0.1	0.2	0.7	2	11
藍莓	0.5	0.1	0.5	2.8	8	9
臍橙	0.9	0.1	0.4	0.6	24	22
大豆（水煮）	16.0	9.0	0.9	6.1	70	190

建議作為刺蝟主食的貓糧等寵物飼料中並未含有太多的纖維質。僅用一種寵物飼料就要完全滿足刺蝟所需的「高蛋白質·低脂質·高纖維質」是不可能的，所以必須考慮給予蔬菜或水果等含纖維質的食物。

●可以給予的蔬菜和水果等

基本上，其他小動物在飼養狀態下可以給予的，也都可以讓刺蝟食用。請切成容易食用的大小後再給予。

蔬菜

紅蘿蔔、番薯、高麗菜、小松菜、南瓜、番茄等。不只是生的，也可以給予蒸過的紅蘿蔔或番薯、南瓜等，或是切細的水煮高麗菜或小松菜等。

水果

蘋果、香蕉、梨子、莓果類，還有其他季節性水果。柑橘類給得太多可能會引起下痢，注意不要過度給予。

其他

豆類雖然是纖維質也很豐富的良質植物性蛋白質，卻不能給予生的，一定要水煮後再少量給予。沒有調味過的嬰兒食品也可以加入菜單中。

畢竟主食是動物性食物，所以就算要給予蔬菜或水果等，也該是少量，而且每次給予時，請仔細觀察糞便的變化等狀況。

此外，有些個體就算給了牠也不吃。這時，請儘量選擇纖維質多的飼料，以各種不同的動物性食物來做變化。

飲食的給予方法

寵物飼料的給予方法

作為刺蝟主食的，是貓糧等肉食動物用的寵物飼料（80頁）。有水分少的乾糧（所謂的「乾乾」）和水分多的濕糧（罐裝食物）等種類。在給予刺蝟的方法上，有直接給予乾糧、切碎乾糧後給予、泡脹乾糧後給予、將未泡脹的乾糧撒在泡脹的乾糧上作為佐料、給予濕糧、乾糧和濕糧一起給予等等，有許多不同的做法。

考慮到對牙齒和口腔的影響（78頁），一般認為將乾糧泡脹後給予的方法，是目前來說最推薦的方法。請仔細觀察刺蝟是否有難以進食的樣子？嗜口性高不高？等等狀況。

讓刺蝟習慣各種不同的給食方法有其方便性。泡脹後水分變多的食物是比較容易腐壞的東西。如果飼主經常不在家，而刺蝟也能習慣直接吃不易腐壞的乾糧，就能避免發生問題。

飲食要考慮均衡

刺蝟在野生狀態下是食量非常大的動物，一般認為牠們一個晚上要吃掉體重的3分之1的量。即使如此，野生的刺蝟仍然不會肥胖，是因為牠們整個晚上都在走動，尋找獵物的關係。想要吃小小的昆蟲來維持身體，就必須吃非常大的量，所以刺蝟會走動相當遠的距離，耗費非常多的時間在採集食物上。也因此，正好做了能夠充分消耗所攝取之熱量的運動。

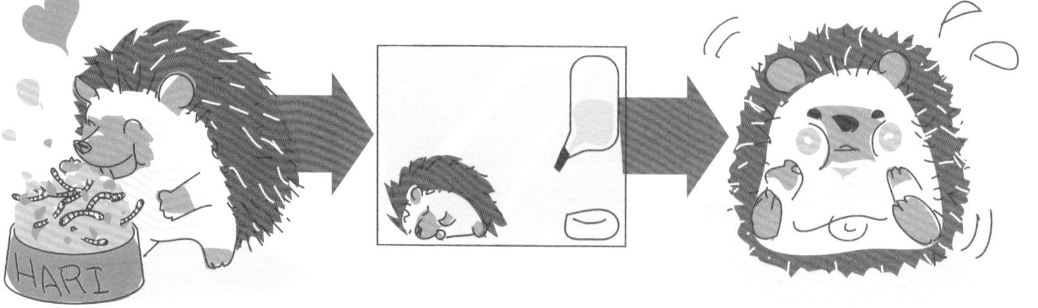

然而在飼養狀態下，不管使用再多次滾輪、讓牠在室內遊戲，和在野生狀態下比起來，運動機會還是壓倒性地變少了。如果將牠養在狹小的飼養設備中，又不讓牠運動的話，情況將會更嚴重。話雖如此，卻又因為刺蝟愛吃就毫無限制地給予嗜口性高的食物，如此一來就會造成營養過剩，變得肥胖。反之，因為不想讓牠太胖而極端減少給予量，這樣也是不好的。目標是健壯的體型。請考慮給予食物的成分、性別、年齡、運動量、是否在繁殖中等等，為刺蝟提供能夠健康生活的飲食吧！

●給予的量和均衡

關於應該給予刺蝟的飲食量，目前並沒有清楚的資料。就如103頁中整理介紹的，會依資料或是設備等而各有不同。在此推薦如左的方法，作為一日給予的飲食量和飲食內容，可作為一個大致標準。

Tips

刺蝟的一日飲食大致標準

- 主食（泡脹的低卡型貓糧等）……………………………… 1～2大匙
- 其他的動物性食物（水煮蛋、白乾酪等）……………………………… 1～2小匙
- 活餌（麵包蟲等）…… 少量
- 蔬菜或水果（紅蘿蔔、蘋果等）……………………………… 半小匙

●重新檢視分量和均衡性

請參考這個分量和均衡性來給予食物，觀察體重和體格、糞便狀態等，一邊視狀況加減，來決定適合刺蝟的飲食內容。

成長期或懷孕、哺乳時，營養的需求量會增加，請多加給予。尤其是動物性蛋白質，最好充分給予。

●給予的次數

刺蝟原本的飲食生活是一整晚到處走動捕食昆蟲類，每次吃一點點的少量多餐飲食。如果可以費工夫在刺蝟的飲食上，在夜間分數次給予是最理想的，不過這在現實上是非常困難的。所以，最不費事的方法，就是夜間在刺蝟開始活動不久後餵食1次；如果時間許可的話，也可以分成2次給予（剛入夜時和半夜時等）。

●給予方法的注意點

初次給予的東西，請一點一點地餵食並觀察情況。乳製品大量給予容易發生下痢；昆蟲類還沒有吃慣時，也可能發生消化不良的情形。

給予的食物即使只剩一點點，最慢也請在早上時從飼養設備中拿出來。剩餘的食物容易腐壞，而且在隨時可吃的狀態下，可能會讓刺蝟吃得過多。不過，在成長期或懷孕、哺乳時，最好讓牠在想吃的時候就可以吃到。

昆蟲類的給予方法

給予昆蟲類，是讓刺蝟在生活中重現野生本能的絕佳機會。可以讓牠充分地使用嗅覺，好好運動一下，有各種深具趣味的給予方法。

☑想作為零食親手給予時，不要直接用手拿給牠，而要使用筷子或鑷子夾給牠比較好。以避免刺蝟將手的氣味和零食聯想在一起，日後產生咬手的舉動。

☑用碟子裝麵包蟲，放置在飼養設備裡面時，要使用有一定的深度，碟緣呈垂直狀、表面光滑的玻璃容器來裝，麵包蟲才不會逃出去。

☑要讓刺蝟慢慢地吃麵包蟲，可以使用蓋子能夠自由開闔，用錐子等就能輕易鑽洞的瓶子（例如寶特瓶等）。在容器周圍鑽幾個麵包蟲出得來的洞，裝入數隻麵包蟲後放進水族箱（如果使用籠子的話，麵包蟲可能會逃走）中。因為所有的麵包蟲不會一下子全跑出來，刺蝟就有時間享受捕捉麵包蟲的樂趣。

☑也可以直接將昆蟲類放在飼養設備內，不過有幾點必須注意：吃剩的或是死掉的，第二天早上一定要回收；確保蟲子不會從設備中逃走；刺蝟並不介意有活的蟲子在身邊等等。

☑也可以將昆蟲類藏在飼養設備內的角落，或是躲藏處的暗處等各種地方，讓刺蝟尋找。隱藏前要先將蟲子弄死（放入熱水中或冷凍等），剩餘的蟲子一定要在第二天早上回收。

關於飲水

水，不只能解喉嚨之渴，也具有在體內運送必須物質、排泄不需要的物質、營養成分的消化吸收和取得電解質平衡等非常重要的作用。如果水分不足，就會發生脫水、血液濃度變稠、老舊廢物無法排泄出去、無法調節體溫等問題。

●水的給予方法

一定要每天為刺蝟準備新鮮的飲水。一天至少要更換一次。可以的話，使用可衛生給水的飲水瓶為佳；用碟子給水時，請經常更換，以免被地板材或排泄物、食物殘渣等弄髒。懷孕或哺乳期中、室溫高的時候、乾糧不泡脹就給予時，水的需求量會提高。無法飲水時，進食量也會減少。

●可給予的水的種類

日本的自來水在病原菌、無機質、重金屬、一般有機化學物質、農藥等方面，都規定有詳細的水質基準，安全無虞，可以直接給予。

如果對直接給予不放心的話，請煮沸或儲水放置後再給予。煮沸時可用水壺將水燒開，沸騰後打開蓋子，打開抽油煙機用小火讓水沸騰約5～15分鐘，以便去除三鹵甲烷等有害物質；煮沸後請在常溫下冷卻後給予。儲水放置是將自來水移至開口盡可能寬廣的容器（大碗或鍋子等），放置一個晚上以除去氯氣。

若有使用淨水器，就可能去除氯和三鹵甲烷等。請經常更換濾心，清潔水管。

給予礦泉水時，給予「軟水」比礦物質含量多的「硬水」要好。

除了直接給予自來水的方法之外，都會因為事先除氯而使得細菌容易繁殖，尤其是在夏季時，請經常更換。

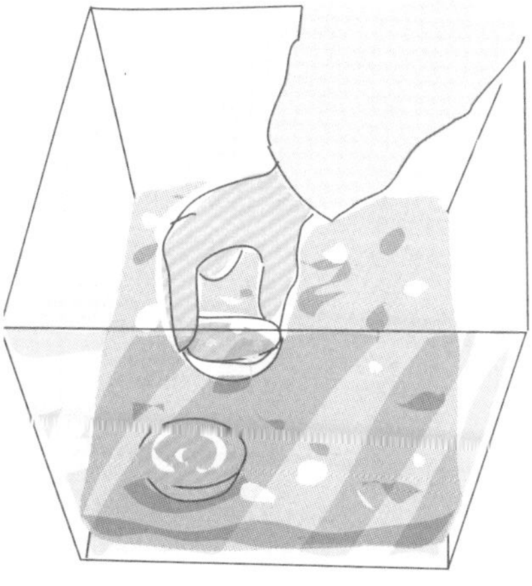

關於飲食的Q&A

Q 食物要如何保存？

A 乾糧請儘量避免接觸空氣、光線地密閉（以密封袋排出空氣後密封夾鍊，或是改裝到可以密閉的容器裡），放入乾燥劑後，保存在溫度和濕度較低、陽光直射不到的場所保存。

乾糧一旦開封、接觸到空氣，氧化和維生素類的劣化就會立刻進行。不妨分成小份後冷凍保存，只將必需的分量解凍使用。

罐裝食物一旦打開就必須移到其他容器中，冷藏保存。如果是3～4天左右仍然用不完的量，就分成一小份一小份地冷凍保存，回復常溫後再給予。

動物性食物、蔬菜、水果等的保存，可依照人類食品的保存方法。當做活餌處理的食物，如果是罐裝的麵包蟲或蟋蟀，開罐後務必用冰箱保管。

Q 要更改食物時該怎麼做才好？

A 更換食物種類時，請務必謹慎地進行。如果從小就讓牠吃慣各種不同的食物，大多都能順利進行；但若是偏食的個體就可能有困難。尤其是乾糧和濕糧等類型不同的食物要進行更換時，請多花些時間進行。

剛開始要稍微減少之前的食物量，再加入新的食物補足該分量。一點一點地改變比例，讓牠習慣新的食物。

更換食物時，也請觀察體重和排泄物的狀態。如果糞便變稀或是氣味變難聞了，就要停止增加新的食物，觀察情況。

新迎進刺蝟時，或許飼主會想將該刺蝟以前吃的食物改成其他不同的東西，不過剛開始時還是給予和以前相同的食物，等刺蝟穩定下來後再做更換吧！

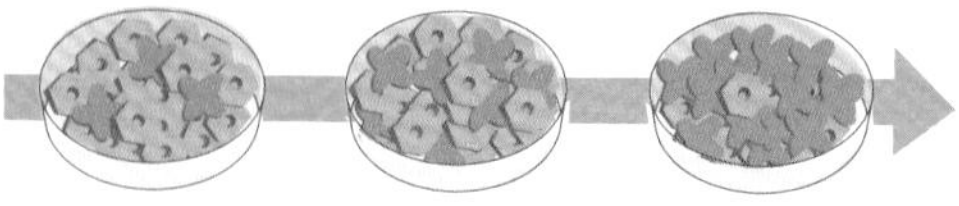

Q 健康食品是必需的嗎？

A 對刺蝟來說，以綜合營養食的寵物飼料為中心，再藉由給予各種不同種類的食物來取得營養均衡是非常重要的。

真的極度偏食，或是營養均衡似乎失調時、懷孕或哺乳期時，或是生病時，可以添加「NEKTON」等的綜合維他命或鈣劑等等。

輔助食品有提高免疫力的產品，或是乳酸菌、具抗氧化作用的產品等各種不同類型，不過並非全部都有科學上的證明或效果。是否真的有給予的價值？請仔細思考後再選擇。還有，如果正在治療疾病時，請務必先和主治醫師商量。

Q 沒有食慾，讓人很擔心。

A 總是食慾旺盛的刺蝟，一旦食慾低落就讓人擔心。這種情況有各種不同的可能性和解決方法。

首先必須考慮的是有沒有生病。「食慾不振」是許多疾病都可見到的症狀，所以還是到有診察刺蝟的動物醫院接受診察吧！

即使是健康的，還是可能有一些食慾的高低起伏，或是對同一種食物吃膩的情形。這個時候，請試著稍微改變食物的外觀。將食物加熱到約同人體肌膚的溫度，氣味就會變強，或許牠就願意吃了；也可以在平日的飼料中混入牠喜歡的東西，或是用煮肉的湯汁（不加調味）來泡脹飼料。如果平常是不給予活餌的，就給予活餌等等，有各種方法。

也請確認刺蝟是否有充分運動，以及是否有好好喝水。

有時候可能是吃點心吃飽了。因為想看刺蝟歡喜進食的模樣，就一直給牠喜歡的東西吃，會讓牠變得不吃最希望牠吃的主食，請注意。

（無論如何都不吃時的強制餵食↓170頁）

不可給予的東西

請給予對刺蝟來說安全無虞、對身體沒有負擔的食物。必須避免有毒性的東西是當然的，就連有些對人無害的東西，給予刺蝟時也必須注意。

■一部分的蔬菜類

馬鈴薯的芽、皮轉變成綠色的部分含有名為茄鹼的中毒成分，會引起神經麻痺或腸胃障礙等中毒。蔥或洋蔥的烯丙基二硫化合物成分會引起中毒，出現貧血或下痢、腎臟疾病等。還有，生的黃豆具有紅血球凝集素等毒性，不好消化，所以給予時必須先加熱。菠菜含有會妨礙鈣質吸收的草酸，要給予時請先燙過。

■一部分的水果類

酪梨的Persin成分中有毒性，會引起乳腺炎或無乳症。杏子、梅子、桃子、李子、仁杏（非食用型）、枇杷等薔薇科櫻屬的種子中有名為苦杏仁苷的中毒成分，會引起嘔吐和肝功能障礙、神經功能障礙等。

■過熱的東西、過冷的東西

給予加熱過的東西時，請放涼後再給予；給予冷凍過的食物時，一定要回復常溫後再給予。

■糕點類

請不要給予人吃的糕點類、巧克力和蛋糕、餅乾等。巧克力的咖啡因和可可鹼等成分會引起嘔吐、下痢、興奮、昏睡等中毒症狀，而且糖分、脂肪成分也是造成肥胖的原因。

■飲料類

在人喝的飲料中，有加糖等調味過的優格或果汁類、咖啡和可樂、酒等也不可給予。

■為了人類而調味的東西

為了給人食用而調味的東西、重鹹的東西、大量使用油脂的東西、添加香辛料的刺激物等都請避免給予。

■腐壞的東西

請不要將前一天吃剩的飼料就這麼放置著，以免有病原性細菌繁殖的危險。還有，已經發霉的東西也請不要給予。

■不大不小的尺寸

如果是大塊的東西，刺蝟會咬碎後進食；不過若是可以進入口中的大小，就會整個吃進嘴裡。這個時候，堅硬又不大不小的東西，就可能會卡在口蓋和牙齒之間。請將食物切成即使整個吃進口中，仍能毫無問題地啃咬的大小吧！

● 注意給予方法

乳製品請先只給少量，一邊觀察情況；有時可能會因為乳糖而下痢。還有，過度堅硬的東西會對牙齒造成負擔。

實例　刺蝟的飲食

・動物園的餐桌

琦玉縣兒童動物自然公園的刺蝟的飲食內容

狗糧…5粒（泡脹）

朱鷺用配合飼料…5粒（不泡脹）

蘋果…少量（切碎）

麵包蟲…5隻（2天給1次）

以上每天餵食1次

（協力：琦玉縣兒童動物自然公園）

・我家的餐桌　case 1

基本菜單是給予3種貓糧的混合（目前是法國皇家的肥胖傾向貓、INNOVA的LOW FAT和PURINA ONE的雞肉口味），加上一點點用電動研磨機磨成粉狀的POPONS（綜合維他命）和蛋殼（作為鈣），以及2隻左右的麵包蟲（有成蟲的話就放成蟲）。貓糧直接給予乾燥的。有時也會給予加熱過的生鮭魚或用微波加熱過的牛肉等。

（raco）

・我家的餐桌　case 2

家中常備有猴子飼料、狗糧、貓糧、刺蝟飼料等，視當日的情況而定，「今天就吃猴子&狗的飼料」像這樣混合2種地給予。給予時間是在夜晚自己就寢前。一定會用溫水泡脹後再給予，分量是泡脹後約50～80g的重量。會視前天吃剩的情況進行調整。

（YAP＊）

・我家的餐桌　case 3

我會在各種刺蝟飼料中撒上袋鼠飼料，再用食物處理機將雪貂飼料打碎後混合。還會給予狗糧（幼犬用），不過依種類而定，刺蝟的接受度也不一樣。

（品田宏重）

・我家的餐桌 case 4

刺蝟專用飼料（外國產。Brisky公司的刺蝟飼料、刺蝟飼料OLD MILL、PrityPet公司的刺蝟飼料、刺蝟減肥飼料）和市售的貓糧（PURINA ONE・室內貓・11歲以上・火雞肉&雞肉、Natural Balance貓糧低卡路里配方、法國皇家・肥胖傾向貓、希爾思・成貓體重控制專用配方），作為副食的有水煮蛋黃、麵包蟲、蟋蟀、火雞腿肉、袋鼠腿肉、馬肉等。輪流給予適當的量。

（東急東橫線的カク）

・我家的餐桌 case 5

將刺蝟飼料和雪貂飼料與貓糧以3：1：2的比例餵食。另外會給予麵包蟲、雛雞肝作為點心。

（ぴろちゃん）

・其他報告例 case 1

市售的刺蝟飼料或肥胖貓飼料…1～2大匙

罐裝貓糧或狗糧、水煮蛋、白乾酪、煮熟的肉類等含有水分的食物…1～2小匙

香蕉、葡萄、蘋果、草莓等水果、水煮紅蘿蔔、南瓜、蕃茄、萵苣等植物性食物…半小匙

麵包蟲、蚯蚓、蟋蟀等蟲子類…作為零食，少量

（取自《Ferrets, Rabbits and Rodents: Clinical Medicine and Surgery Includes Sugar Gliders and Hedgehogs》）

・其他報告例 case 2

猛禽類或食蟲目用的飼料…1小匙

高品質的成貓或幼貓用飼料（成長期、懷孕中、哺乳中給予幼貓用或雪貂用飼料，一般成蝟給予低卡飼料）…1小匙半

水果・蔬菜混合（菠菜、芥藍菜、美生菜等葉菜半小匙，以及紅蘿蔔、蘋果、香蕉、葡萄或葡萄乾各¼小匙、維生素或礦物質粉）…1小匙

麵包蟲…6～10隻或蟋蟀…1～2隻

（取自《Exotic Companion Medicine Handbook》）

超級可愛！

來做刺蝟的角色便當&甜點！

各位聽過角色便當這個詞嗎？也就是以卡通等人物角色作為主題來製作便當，
在家中有小朋友的主婦間非常流行。
其中，我發現了很可愛的刺蝟角色便當＆甜點！
在部落格中介紹了許多角色便當和角色甜點的みほちん女士。
每一個看起來都像真的一樣，可愛到讓人捨不得吃掉。
現在就為各位介紹みほちん女士所做的刺蝟便當和刺蝟蛋糕！

刺蝟便當①

■材料
切達起司
起司片
火腿片
海苔
番茄醬

●作法
①將切達起司切開（用牙籤尖端來切即可簡單完成）製作臉和腳。
②將火腿片切成鋸齒狀後，放在麵包上。
③用花朵模型壓起司片，放在火腿片上。
④切海苔，做成眼睛和鼻子。
⑤用番茄醬畫出腮紅就完成了！

刺蝟便當②

■材料
黑芝麻麵包
起司片
海苔
黑豆
番茄醬

●作法
①在黑芝麻麵包邊緣劃出幾個切口。
②切起司片（臉、刺的部分），放在麵包上。
③切海苔做成眼睛、鬍鬚。
④用黑豆做成鼻子，再用番茄醬畫出腮紅即可！

■材料
蛋糕捲（麵包店的成品）……………………… 1 條
鮮奶油
（建議使用動物性的）
…………………… 200 cc
砂糖…………… 2 大匙
可可粉………… 1 小匙
即溶咖啡粉…… 1 小匙
巧克力糖………… 3 顆
杏仁………………… 2 顆
餅乾………………… 4 片

●作法
①將市售的蛋糕捲切開，組合成身體和臉。
②全體塗上打發的咖啡鮮奶油。
③將可可鮮奶油裝入星型花嘴的擠袋中，擠滿身體部分，就完成刺蝟的刺了。
④眼睛和鼻子、耳朵、腳的部分，將市售的巧克力糖、杏仁、餅乾各自放上去就完成了！

介紹みほちん女士為兒子波音製作的角色便當＆角色甜點的部落格「なおちゃんのキャラ弁＆キャラスイーツ」
http://blogs.yahoo.co.jp/miho_nao_chin

第 6 章

和刺蝟共度的每一天

chapter 6

...Daily care of Hedgehogs

迎進刺蝟後

為了創造優質環境

先做檢疫&健康檢查

●檢疫

檢疫本來的意義是，為了確認從海外帶進來的動植物是否有傳染性的疾病，而在機場或港口留置一定的期間。當家中迎進新的刺蝟時，也需要有確認該個體是否有傳染性疾病的檢疫期間。尤其是已經飼養有刺蝟或其他動物時，即使新來的刺蝟看起來似乎很健康，也請務必設定檢疫期間。

大致標準是2個禮拜左右，請將新刺蝟的飼養設備放在遠離其他動物的地方進行飼養。在檢疫期間放牠出來玩時，也請不要在公共的遊戲場所裡遊玩。此外，每天的照顧一定要先從之前的動物開始，新進刺蝟的照顧放在最後。手拿刺蝟時使用的毛巾或手套也要分開來，因為疾病可能會透過遊戲場所或飼主、飼養用品而感染。有些疾病像是疥癬（149頁）也會傳染給人類。照顧後請仔細清洗雙手。

●健康檢查

在檢疫期間，不但要預防對原有動物的傳染，也必須確認新刺蝟的健康狀態。經過數天等刺蝟穩定下來後，請到有診察刺蝟的動物醫院做健康檢查。尤其是剛開始飼養的刺蝟大多帶有疥蟎，請務必接受檢查。

迎進後的照顧和對待方式

剛迎進家中的刺蝟，因為移動的壓力、對新環境的壓力和不安、恐懼等，會變得非常疲倦。壓力會降低免疫力，所以剛迎進的刺蝟是處在身體狀況容易失調的狀態。請注意儘量不要給予壓力。

帶回家後，放進飼養設備中，給予食物和水，之後就請不要逗弄牠。食物也儘量給予和之前吃的相同的東西。飲水方面，如果以前是使用飲水瓶的話，可以用飲水瓶給予，不過為了慎重起見，也另外準備盛在碟子裡的水會比較安心。請務必確認是否有飲水。

巢箱或躲藏處等可以隱蔽的場所是不可或缺的。你可能會覺得，如果刺蝟總是藏著的話，永遠都無法習慣人類；不過有個隨時可以藏身的地方，對刺蝟來說是件非常安心的事。

飼養設備周圍請保持安靜，不要發出太大的聲響。平常的腳步聲、談話等生活噪音，只要不會太大聲，並不需刻意節制。讓刺蝟學習「就算有這種聲音，也不會發生可怕的事情」是非常重要的（只是過度吵鬧就另當別論了）。

清掃時要安靜迅速地進行，以避免驚動刺蝟。給予食物時請溫柔地對牠說話。

避免逗弄牠和置之不理是不一樣的。請仔細觀察飼養設備和飼養用品是否有不當之處？便於進食嗎？便於飲水嗎？刺蝟的健康狀態上是否有問題？等等。

當人來到飼養設備旁，或是為了照顧牠而將手伸進去時，如果牠不會逃進巢箱或是蜷曲起來時，大概就可以說刺蝟對新環境已經習慣、穩定下來了。之後就可以積極地馴養了！

馴養刺蝟的方法

●讓牠習慣人類是非常重要的

刺蝟並不像貓狗那樣與人親近。話雖如此，就讓牠完全不和人親近地飼養著，對刺蝟來說也會成為很大的壓力。而且讓牠過著每當周圍發出聲音就害怕發抖，或是飼主只要將手伸入飼養設備牠就蜷曲起來的生活也很可憐：何況壓力累積的話，也會變得容易生病。

刺蝟不習慣人時，會產生困擾的情境之一就是上動物醫院。即使想為牠診察，但若牠將身體整個蜷曲起來，醫師也無法做觸診。因此，有時僅為了診察就必須做麻醉處置。

為了營造讓刺蝟安心生活的環境，也為了守護牠的健康，讓刺蝟習慣人類是非常重要的。雖然有總是難以習慣的個體，不過還是儘量讓牠習慣，除去刺蝟的壓力吧！

●理解個體差異

老是不肯離開巢箱的膽小刺蝟、一下子就習慣與人親近的開朗刺蝟、喜歡到處探險勝於被人逗弄的活潑刺蝟等等，和人一樣，刺蝟也有各種不同的性格。並不是任何刺蝟都會習慣的。

一般來說，趁年幼時讓牠習慣比較不花時間，等牠成年後則需要更多的時間（並非就無法讓牠習慣）。

●交流的重點

迎進家中的刺蝟穩定下來後，就開始馴養吧！不要忘了牠本來就是膽小的動物，請理解有些情況必須要有耐性地多花點時間。

■馴養的時間是在「夜晚」

刺蝟是夜行性的，所以交流的時間也請放在晚上。為了讓刺蝟的心情穩定下來，或許給予某種程度的飲食後再開始會比較好。

■經常維持相同的氣味

有時是香皂的味道，有時是香水的味道……就像這樣，飼主身上的氣味總是變來變去的話，會讓刺蝟混亂，說不定有些氣味還會讓牠開始塗抹唾液（46頁）。飼主請經常維持相同的氣味。仔細洗手，以避免氣味附在身上。

■讓氣味和好事連結在一起

刺蝟是非常依賴嗅覺的動物，所以要讓牠習慣飼主的氣味，將該氣味和「對刺蝟而言的好事情」連結起來，是個大重點。

可以安心地睡覺，對刺蝟來說是件好事情。在國外的飼養書中有介紹「將飼主穿過2天的T恤放進睡鋪」的方法，就是要藉此讓「飼主的氣味」和「安心感」連結在一起。

不管怎麼說，讓刺蝟最高興的還是牠喜歡的食物。動物會信賴不做讓牠害怕的事、給牠好吃東西的人。讓牠嗅聞手上的氣味後，給牠喜歡的東西，這樣可以將「飼主的氣味」和「好吃的東西」連結在一起。因為牠願意過來吃，一時高興過頭而過度給予牠喜歡的東西，造成肥胖……像這樣的事情還是要注意避免發生喔！

■關於手套

在刺蝟豎起刺時拿著牠是會痛的，所以難免會想要使用手套。只不過，手套會成為讓牠習慣飼主氣味時的阻礙。最好等到牠已經習慣了被抱時不會豎起刺的程度，就儘量不要使用手套。

害怕牠會豎起刺來的時候，請使用手套或毛巾。與其因為害怕而避免與牠接觸，還不如選擇不會提心吊膽地接觸牠的方法。

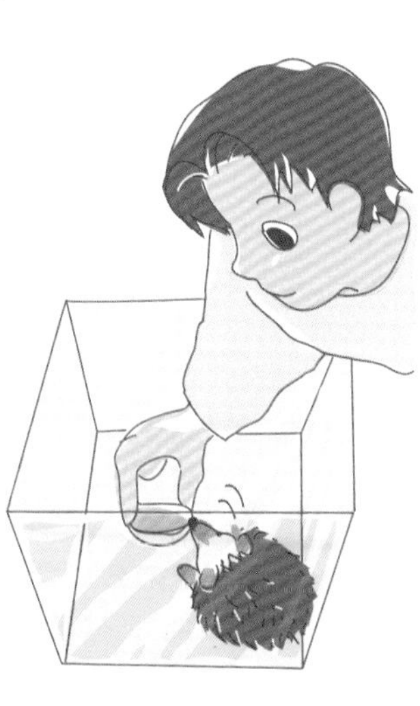

■避免驚嚇

動物忘不了「有好事」的經驗，更加無法忘記「恐怖」的經驗。不接近恐怖的事物是生物的本能，所以也是沒有辦法的事。請避免突然發出巨大聲響或拍打牠之類會驚嚇到刺蝟的事。

■即使是短時間，也要每天相處

比起偶爾長時間在一起，還不如每天有一定的相處時間，即使只是短時間也沒關係。

■馴養的順序一例

❶將手伸入飼養設備時，如果刺蝟不再蜷曲成球狀，或是發出咻—咻—的威嚇聲，或是逃進巢箱中，而是出現了前來嗅聞氣味的反應時，就可以積極地開始馴養了。

❷將房間整理成安全的環境後，將刺蝟放出來看看（123頁）。如果出示牠喜歡的東西，牠會跟著靠過來的話就給牠；如果沒有靠過來，也請不要追著牠跑。

❸靠過來後，試著抱起來。在膝蓋上給予牠喜歡的東西。

❹在牠吃喜歡的東西時，試著觸摸牠的身體。有些個體不喜歡被碰觸到臉的周圍，請從背部開始觸摸，慢慢讓牠習慣。

刺蝟的拿法

●適當的拿法

兩手附在刺蝟的身體左右，從下面捧起般地拿起來；然後放在膝蓋上，或是放在一隻手的手掌上，另一隻手附在旁邊，支撐身體。請採取飼主容易拿、刺蝟感覺也舒適的拿法。

請務必坐在較低的位置進行，以免萬一刺蝟掉落時發生危險。刺蝟的視力不佳，所以即使身在高處，也可能會搞不清楚高低落差而跳下來。

在尚未習慣時請不要勉強，使用毛巾或手套吧！如果拿得戰戰兢兢，萬一掉下去可就糟了。想將刺蝟移動到某處時，也可以在刺蝟前面放置塑膠盒，促使牠進入裡面。

●注意事項

要拿起尚未馴養的刺蝟時，請勿採取讓手指在刺蝟身體正下方的拿法。因為當刺蝟蜷曲成球狀時，手指有被捲進去的危險。

還有，當刺蝟正發出咻咻的威嚇聲時，除了無論如何都必須拿起來的時刻之外，最好不要碰觸牠。

就算是已經馴養的個體，突然被碰觸也是會受到驚嚇的。不妨先以輕柔的聲音對牠說話等，一定要讓牠知道自己的存在後，再將牠拿起來。

●保定的方法

所謂的保定，是指在醫院接受診察或治療時的拿法，其目的和在家中的拿法是不同的。在此先來理解一下保定的方法吧！

如果是已經馴養的刺蝟，可以用和飼主相同的拿法拿著來進行腹部的觸診等。檢查嘴巴內部等時要用毛巾包覆身體，用鉗子打開嘴巴進行診察。如果是除了飼主之外，別人一碰就會蜷成一團的個體，有時也會要飼主拿著來進行觸診。

除此之外，也有輕輕捉著兩腳使其倒吊來打開身體的方法，或是放進塑膠盒中，將箱子稍微斜放，讓牠叉開腳用力站著的方法等。將蜷曲成球狀的刺蝟勉強打開，會對牠造成非常大的精神壓力。如果是還沒馴養的刺蝟，先麻醉後診察不但可以減少壓力，也能確實地進行檢查，而且檢查時間也會縮短。請事先了解，有些情況採取這種做法反而是比較好的。

刺蝟的照顧

日常的照顧

為了讓刺蝟和飼主健康舒適地生活，每天的照顧非常重要。清掃、飲食的準備、健康檢查都是日常照顧的基本。

●注意不要過度清掃

創造衛生的環境很重要，不過每次打掃都乾淨得連刺蝟的氣味都無處殘留，可就清掃過度了。只要清掃到「沒有髒污處」、「還算乾淨」的程度就可以了。

●照顧的時間

照顧的時間最好在不妨礙刺蝟睡眠的傍晚~夜晚。要檢查排泄物的狀態或食慾、活潑度等，每天差不多在相同的時間進行照顧即可。

●每天的照顧一例

在此要介紹照顧順序的一個例子。請依飼養設備的寬敞度和刺蝟是否學會如廁等等，以配合各種狀況的順序來進行。

❶在早上清除掉前一夜吃剩的飲食。檢查進食狀況，清洗餐具。

❷在刺蝟起床前，丟棄（在如廁訓練中要留下少許）並補充被排泄物弄髒的便砂或地板材。請確認糞便和尿液的狀態。確認是否有在滾輪上排泄，加以清掃。

❸刺蝟起床後，讓牠在別的場所遊戲，檢查其精神和動作。在此期間丟棄被弄髒的地板材，並加以補充。也請確認巢箱中是否髒污。

❹滾輪等遊戲用品、生活用品如果髒污，就要洗淨或做更換。

❺給予食物。確認食慾。

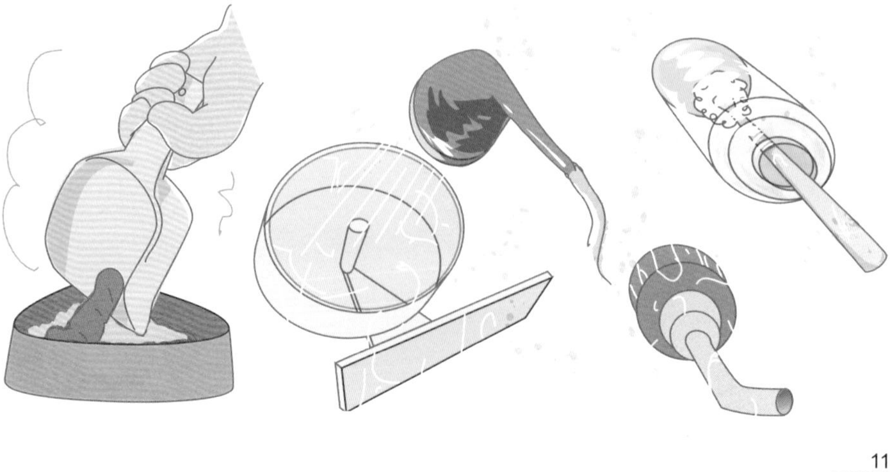

❻洗淨飲水瓶，注入新的水。請確認水是否能順暢流出。

❼讓刺蝟回到飼養設備後，清掃室內。脫落的刺可能會掉下來。

隨時進行的照顧

☑大致上是1～2週一次，將地板材全部更換後，放一點沾有氣味的地板材回去。

☑根據弄髒的程度，殺菌洗淨飼養設備和用品。使用試管或奶瓶專用的清潔刷，將飲水瓶的每個角落刷洗乾淨。清洗過的東西要等充分乾燥後再使用。尤其是清洗木製品時，請曝置陽光下充分曬乾。

☑飼養設備和用品也可以分開不同的時間清洗。一次全洗乾淨會讓刺蝟的氣味完全消失，使刺蝟變得不安。

其他的注意點

☑清潔照顧後一定要洗手。

☑有很多刺蝟會在滾輪上排泄。一弄髒請立刻清掃，以免腳上沾染排泄物。

☑洗劑或漂白劑請用自來水充分清洗掉。雖然奶瓶用的消毒水被認為安全性是比較高的，不過就算是不需洗淨的類型，也請充分洗淨。

☑剛迎進後、懷孕中、育兒中的清掃，請儘量不要給予壓力。便砂或髒污的地板材要迅速更換，不要任意變動飼養設備內的用品。

☑剛迎進新刺蝟時，以原來的刺蝟↓新刺蝟的順序來照顧；有生病（尤其是傳染性疾病）的刺蝟時，以健康刺蝟↓生病刺蝟的順序進行照顧，以防止疾病擴散。

如廁訓練

不是所有的個體都一定，但是有些刺蝟會固定如廁位置，或是使用便盆排泄。雖然無法過度期待，但在如廁訓練上也有一試的價值。在嘗試過一段時間後，如果刺蝟還是到處排泄的話，為了避免對彼此造成壓力，或許放棄是比較好的。

●讓牠在飼主放置的便盆中排泄的方法

❶在刺蝟容易進出的便盆中放入便砂，放在飼養設備的角落。

❷將擦有刺蝟便尿的衛生紙放進便盆中。

❸如果在便盆以外的場所排泄，請仔細清掃，不要留下氣味。

❹反覆這樣做，直到刺蝟會在便盆排泄為止。

●在刺蝟排泄的地方放置便盆的方法

❶放入便盆前，先觀察刺蝟的樣子，找出牠經常排泄的場所。

❷將便盆放置在該場所。接下來請如同前面的方法般進行。

●其他的方法

☑仔細觀察刺蝟的行動，看出排泄的時機。當牠想排泄時，就誘導牠到便盆。

☑了解排泄的時機，也可避免當刺蝟在房間遊戲或是放在膝蓋上時排泄。

☑讓牠在房間玩時，也可以教牠使用設置在室內的便盆。不過因為空間寬敞，並不容易讓牠記住。由於刺蝟大多會在角落排泄，所以只要寬敞地鋪上報紙或是寵物尿便墊，大概就沒有問題了。

關於啃咬習慣

刺蝟並不是攻擊性的動物。捕捉獵物時雖然會咬住不放，不過對於天敵卻是採取防禦的方法來保護自己的動物。

當刺蝟咬人的時候，請想一想原因在哪裡。仔細觀察牠是在怎樣的狀況時過來咬你的，可能的話，請試著避免該狀況吧！

■誤以為是食物　有時是單純地以為可能是食物而咬住，說不定是因為手上沾附了食物的氣味，或是手上的味道和牠喜歡的東西有太強的關連性之故。

【對策】手不要伸到刺蝟面前、充分洗淨雙手後再接觸、不要直接用手給牠喜歡的東西等等。

■不安或恐懼　不安和恐懼也是壓力之一。除此之外，過度狹窄的飼養設備、運動不足、不適當的環境和對待方式也都會成為壓力，可能會引起咬人等問題行為。

【對策】想想造成壓力的原因，加以改善。為刺蝟製造充分運動的機會。

■疼痛　當身體某處疼痛時，也可能會咬人。

【對策】檢查健康狀態，必要的話加以治療。

■懷孕、育兒中　懷孕或育兒中的雌性會變得非常有排他性或攻擊性。

【對策】不要勉強逗弄，讓牠安靜地生活。

●被咬時該怎麼辦？

被刺蝟用力咬住、無法立刻脫離時，如果硬要將手抽回來，反而會被咬得更緊；這時就要往牠的嘴巴內部推進才行。如果是經常咬人的個體，請準備裝有水的噴霧器，輕輕對牠噴水也是個方法。絕對不能打牠。或許可以讓牠不咬你，可是信賴關係也會消失不見。

被咬時，請不要給牠喜歡的東西來安撫牠，否則牠可能會學習到，咬人這件事和獲得喜歡的東西是有關聯的。

梳理

野生刺蝟會自己梳理自己的身體。因為每天要走長遠的距離，所以不會有爪子過長的情況發生。不過由於飼養下的生活環境大相逕庭，因此飼主有必要視情況給予幫助。對刺蝟來說，這些作業可能會成為壓力，所以請在考量是否真的有必要下，儘量避免造成壓力地進行吧！

●修剪趾甲

趾甲過長，可能會鉤到織目疏鬆的布，或是爪子末端長到彎曲，對腳部形成不自然的負擔，變得難以行走等等。爪子如果過長，請加以修剪。另外，因為會做出挖洞的行為，所以前腳的爪子似乎不容易長長，後腳的爪子比較容易長。

☑修剪趾甲的工具，以犬貓用或人類用的都可以，請選擇容易使用的工具。

☑修剪趾甲的方法，依個體差異和馴服程度而有各種不同的方法。如果已經很馴服了，可以放在手上以抱著的狀態，拉出腳來修剪。也有些個體一仰躺就不太會亂動。也可以讓牠仰躺在膝蓋上，一個人維持刺蝟仰躺的姿勢，另一個人進行修剪，像這樣由兩個人來進行。也有趁牠忘我地吃著最喜歡的東西時進行修剪的方法。在國外的飼養書中還介紹了讓刺蝟仰躺，在腹部塗抹牠喜歡的膏狀物，趁牠舔舐時進行修剪的方法（這在飼養雪貂時是熟為人知的方法）。

☑不要一次就想剪完所有的趾甲，每次只修剪1根也沒關係，請勿勉強進行。

☑趾甲有血管通過，剪得太深就會出血，因此只要稍微修剪末端就可以了。除非是已經相當習慣、可以讓人慢慢剪趾甲的個體，否則最好不要有「順便把它剪短吧！」的想法，以免發生問題。（萬一出血時→174頁）

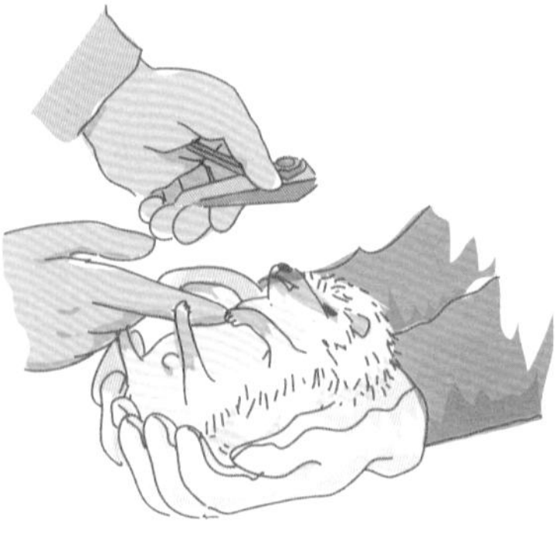

☑營造不需要修剪趾甲，或是可以拉開修剪趾甲間隔的環境也很重要。儘量在寬敞的飼養設備中飼養，安排充分的運動時間。設置磚頭或爬蟲類用的岩場，讓刺蝟在該處走動，就能某種程度地削磨爪子；或是將素燒的花盆放倒，也可以經由挖掘而削磨爪子。

☑在國外的飼養書中有介紹在滾輪上安裝砂紙的方法。如果剛好只磨去爪子的話還沒關係，但也可能會傷到腳底或鼻尖，所以並不推薦這樣的方法。

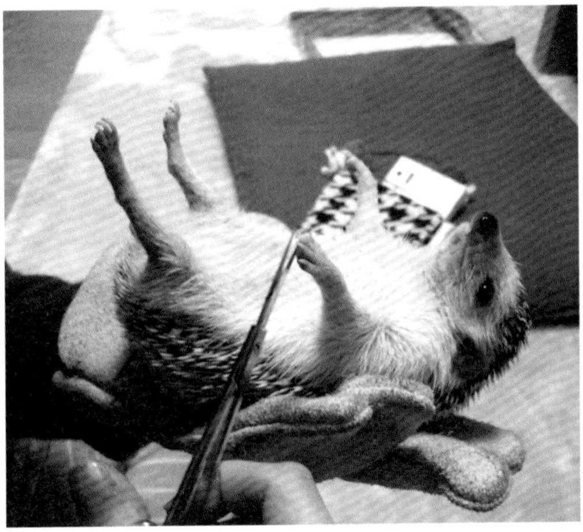

●洗澡

原則上，刺蝟是不需要洗澡的（除非為了治療皮膚病而要進行藥浴）。請以做好排泄物和剩餘食物的處理、清掃，創造避免弄髒刺蝟身體的環境為優先。

雖說如此，在非常骯髒時，還是要考慮清洗作業。以刺蝟來說，全身髒污的情況應該不常見，而是踩踏到排泄在滾輪上的糞便而弄髒腳或腹部的情形可能比較多。這時，建議進行在洗臉盆裝入淺淺溫水的「足浴」。

清洗全身時，請注意水不要灑到臉上。由於針刺間不易沖淨，所以不可使用洗毛精，只用溫水（避免太熱）清洗即可。

清洗後請儘快擦乾身體。儘量用毛巾拭去水分，如果刺蝟不討厭的話，可用吹風機遠遠地吹乾。

此外，請避免清洗尚年幼的個體，以及高齡、生病的個體。

●其他的梳理

在自家清潔耳朵，原則上是不需要的。如果耳朵裡面髒污或是發出難聞味道的話，請到動物醫院接受診察。還有，刷牙也是不需要的。只要有時給予未經泡脹的乾糧，或是藉著食用外骨骼昆蟲，就有一定的去除牙垢的效果。

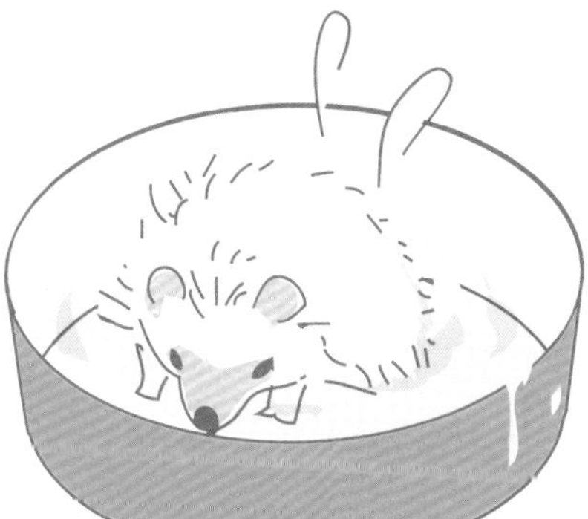

季節對策

刺蝟不喜歡太熱也不喜歡太冷。雖然不同季節的氣溫變化是必要的，不過請避免極端的過熱或過冷。春季和秋季也是溫度變化非常大的時期，請注意溫度管理。

左方的數值是獸醫學書中記載的適合刺蝟的溫度·濕度。注意夏天不要超過30℃，冬天則不要低於23℃。要維持40%的濕度在悶熱的日本夏天非常不容易，不過還是儘量創造不潮濕的環境吧！

Tips

適合刺蝟的環境

溫度　23～32℃

（最適合是24～29℃）

濕度　至40%

（取自《Ferrets,Rabbits and Rodents:Clinical Medicine and Surgery Includes Sugar Gliders and Hedgehogs》）

●抗暑對策

☑請確認放置飼養設備的場所。避免放在窗邊、陽光直射的場所。

☑最好利用空調做溫度管理。送風請勿直接吹到飼養設備。

☑沒有空調時請注意中暑。使用除濕機，或是打開電風扇後開窗（請注意小偷上門）、轉動換氣扇，多少可以製造風的流動。

☑準備大理石板或鋁板，也可將磚頭冷卻後暫時使用。如果是用布纏捲保冷劑或結凍的寶特瓶時，一但融化，水分就會提高飼養設備內的濕度，所以請視狀況取出。

☑如果是在水族箱或是衣物箱中飼養，可以搬到通風良好的籠子。

☑也可以在飲水瓶中裝入小碎冰，以免水變溫了。

☑由於也是食物容易腐壞的時期，泡脹的食物等剩餘殘渣要儘快丟棄。除氯後的自來水也容易壞掉，因此當室溫較高時請經常更換。

☑高溫高濕容易變得不衛生。請經常清掃排泄物。

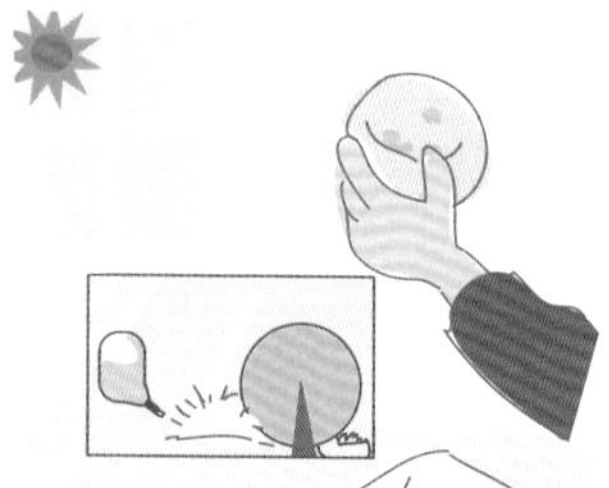

●防寒對策

☑刺蝟過度寒冷會陷入冬眠狀態，非常危險（45頁）。請充分注意冬天的溫度管理。

☑使用空調或葉片式電暖爐較安心。特別寒冷時，可多加使用寵物電暖器或保溫燈。

☑即使使用空調了，但因暖空氣會往上升，所以刺蝟的飼養設備可能還是不暖和。請另外使用風扇讓空氣循環吧！

☑注意飼養設備的放置場所。白天放在窗邊可能溫暖舒適，不過到了夜間氣溫就會驟降。

☑在飼養設備或睡鋪下放置寵物電暖器時，請讓一部分變得溫暖就好，做出溫度的落差（製造溫暖的地方和不溫暖的地方）。

☑可以在睡鋪裡放入刷毛布或是睡袋。

☑視需要使用加濕器，以免濕度變得過低。

☑用籠子飼養時，可以改換成保溫性佳的衣物箱或水族箱。

☑年幼或高齡的個體、懷孕中或育兒中、容易生病的個體，一定要為牠們進行保溫。

刺蝟的多隻飼養

刺蝟是單獨性的動物。即使是在飼養下也是以單獨飼養為原則，並不建議多隻飼養（這裡是指在一個飼養設備中一起飼養多數個體）。不僅演變成嚴重打鬥的可能性很高，而且很難確認食慾和排泄物，健康管理非常困難。

多隻飼養可能順利進行的是同為母刺蝟，而且是同胎的姊妹。公刺蝟們打架的可能性非常高，而如果是公母一起飼養的話，隻數就會不斷增加。

●創造多隻飼養的環境

最重要的還是必須有充分寬敞的飼養環境。準備多個的巢箱，確保牠們各自的隱私吧！滾輪也可能必須各自擁有。也就是說，飼養設備必須要相當寬廣才行。

●分別飼養的刺蝟要同居時

要將分別飼養長大的刺蝟放在一起飼養，必須花費一段時間。檢疫期間（106頁）結束後，將飼養設備彼此相鄰，或是交換沾有氣味的地板材或睡袋等，讓牠們習慣彼此的氣味。持續一段時間後，將房間的內部作為中立的廣場，試著讓牠們在一起看看。如果連續幾次都能好好相處下去，就可以準備新的住處，讓牠們同居。如果會打架，或是有任何一方出現食慾降低等壓力現象時，還是分開飼養吧！

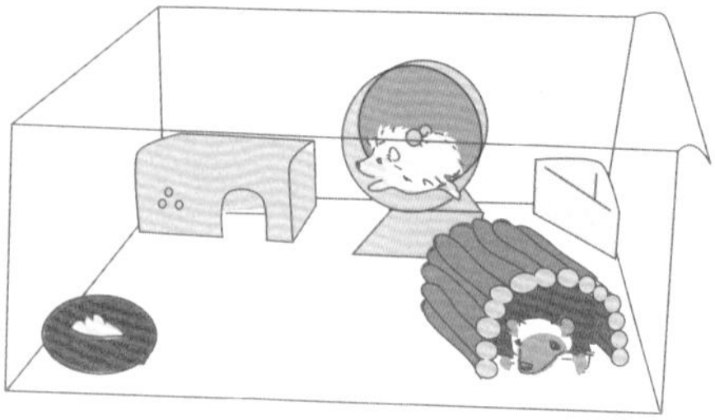

留刺蝟獨自在家

要留刺蝟獨自在家，前提必須是刺蝟的身體健康、可以做到安全又確實的溫度管理、能夠吃沒有泡脹的乾糧（水分多的食物容易腐敗，外出一天以上時並不適合）、能夠使用飲水瓶等，以1～2個晚上為限。尤其是夏冬的溫度管理是很重要的（冬天夜晚外出時也請多加注意）。

如果不方便讓刺蝟獨自在家，或是飼主要長期外出時，可以請寵物保母或是朋友過來照顧，或是託付給寵物旅館。對刺蝟來說，請人前來照顧應該是最好的。寵物旅館的話，請事先調查，確認其系統和環境。若是被放置在和貓狗相同的房間中，對刺蝟會形成壓力。寵物保母或寵物旅館在年末年初或黃金週、暑假時都很難預約，所以還是早點開始準備吧！

和刺蝟外出

帶刺蝟外出時，必須注意刺蝟在提籃中是否能夠安心，還有溫度管理。

由於刺蝟只要身體接觸到某些東西就會穩定下來，所以不妨在提籃中厚厚地鋪上毛巾，或是放入睡袋、覆上弄皺的報紙等等，讓刺蝟可以鑽進去。為了預防漏水，請不要放入飲水瓶。移動時間很長時，請放入水分多的食物，或是不時為牠安排給水時間。

夏天請選擇上午或是傍晚以後的涼爽時段，儘量避免在正中午外出。為了避免過熱，要將保冷劑貼在提籃的外側等等，避免直接碰觸到刺蝟。

開汽車移動時，絕對不可以將刺蝟放在裡面就離開車子，不然一下子就會中暑。

冬天請讓牠溫暖地度過。如果不是那麼寒冷，大概只要放入刷毛布類就可以了，真的很冷時不妨使用暖暖包。拋棄式暖暖包是利用氧氣發熱，所以請不要放進提籃（尤其是密閉性高的小提籃）裡。也有可用微波爐加熱的類型，可以長時間使用。請找出能夠安全使用的產品吧！

不管採取哪種移動手段，搬運時都要儘量避免震動。

此外，要在目的地停留一段時間時，事先調查好該處附近的動物醫院，比較讓人安心。

和刺蝟玩遊戲

刺蝟的「遊戲」是什麼？

對刺蝟而言，遊戲是指什麼樣的事情呢？這裡所說的「遊戲」並非和人類的一樣，而且從動物學的觀點來說，或許對刺蝟使用「遊戲」這個詞並不正確。不過在此，我們將可滿足刺蝟的本能、增加可提高生活品質的行動暫且稱為刺蝟的「遊戲」。

●讓牠滿足本能

讓牠做原本的行動，有助於滿足牠的本能。請製造能讓牠尋找獵物到處探險、挖洞、鑽進狹窄處等能夠重現野生刺蝟的行為之環境吧！如96頁介紹的昆蟲類的給予方法，也是能滿足牠們本能的方法之一。

●有刺激性

刺蝟的生活中也需要刺激。過度的刺激雖然不好，不過能夠搔動牠的好奇心，讓牠思考，促使牠採取和平常不同行動的適度刺激卻是必需的。導入新的遊戲用品也是一種方法。除了高齡或生病的個體必須要盡可能維持減少刺激的環境之外，不妨在生活中帶入適當的刺激，讓刺蝟度過不無聊的每一天吧！

●有好事情

刺蝟並不是像狗那樣會和人一起享受遊戲之樂的動物。不過，一到飼主的身邊就能獲得喜歡的東西，或是被叫到名字（說是「自己的名字」，倒不如說牠認為那是「有好事發生的暗號」）過來後就能獲得喜愛的東西，像這類的事情也可以當作是遊戲的一種。

在住處中的遊戲

就算會放牠出來外面玩，但一天的大半時間牠都是待在飼養設備中。請幫牠放置個不會無聊過日子的遊戲用品吧！

使用滾輪並不算是本能性行動，不過就等同於長距離移動的意義上，應該也算是可以滿足其本能的行動吧！而且也是為生活帶來起伏的刺激之一。不僅如此，也有增加運動機會、預防肥胖的意義，似乎可以說是「一石三鳥」。建議你將滾輪作為最先選購的遊戲用品（選擇方法在64頁）。此外也可放置64頁中介紹的遊戲用品。

關於室內散步

如果能夠準備寬敞的飼養設備，讓刺蝟不會生活得很無聊，又能和飼主充分交流的話，就不一定要放牠出來室內。不過，只處在飼養設備中，空間通常會過於狹窄，這時，還是製造讓牠出來房間運動的機會或是與飼主遊戲的時間吧！

要讓刺蝟出來房間，請在牠對環境和飼主都十分習慣後再開始。遊戲過後，要檢查是否有刺掉落。

●要讓牠在哪裡玩？

如同後面所述般，室內有很多危險的東西，而且必須一直掌握刺蝟的動態，所以僅限在安全的一間室內讓牠遊玩，並不建議讓牠在家中的任何地方都能自由走動。

難以確保室內的安全性時，也可以用寵物圍欄等區隔出地方讓牠玩，以免牠逃走（或是張掛細目的網子、使用鐵絲網等）。在國外的飼養書籍中，也經常介紹將兒童塑膠泳池作為遊戲場所的事例。

●室內遊戲的安全對策

讓刺蝟在房間遊玩前，請做好充分的安全檢查。建議可趴在地上實際以刺蝟的視線來看看。

■電線類

萬一啃咬，有觸電死亡或是漏電引起火災的危險。請捲上保護管，或是讓電線通過鋪墊物下方或牆壁上部等刺蝟無法碰觸的地方。避免讓牠到電線很多的電視或是電腦後面。

■踩踏、踢到、坐到

刺蝟漸漸馴服後，牠也會走近到人的腳邊來。要注意避免一不留神踩到或踢到。腳踏墊下方、椅墊或坐墊的後方也要注意。請隨時掌握刺蝟在何處做什麼事。

■脫逃

讓牠遊玩前一定要確認關緊門窗，以免牠從窗戶或門跑到戶外。此外，也不要讓牠從安全的房間走到其他房間去。廚房或浴室等用水的地方也有危險。

■高的地方、狹窄的地方

只要有可以踏腳的東西，牠也會爬到高處。就連家具小小的隙縫，只要頭能進去，牠就會鑽進去。請經常檢查室內是否有危險的場所。

■其他的動物

請避免刺蝟和貓狗等其他動物遭遇。即使是已完成教養的貓狗，也一定要在飼主的監視下才可以。

■其他的危險物

醫藥品、化妝品、殺蟲劑等化學藥品類有引起中毒症狀的危險。而觀葉植物或園藝植物中，也有不少都具有毒性（黃金葛、海芋、聖誕玫瑰、白花八角、仙客來、水仙、鈴蘭、黛粉葉、風信子、聖誕紅等，其他還有許多）。就算植物本身是安全的，也可能使用了化學肥料、除蟲劑等。這些東西請不要放在讓刺蝟遊玩的場所。還有，也別忘了是否有放置硼酸丸或捕鼠器等。

橡皮筋等小東西雖然本身沒有毒性，但誤食會發生危險，因此也要注意。

■遊戲中的排泄問題（114頁）

●關於刺蝟的放養

大概有些飼主很嚮往放養刺蝟吧！如果能夠實現僅限於安全的一室、裡頭絕對沒有危險的地方、同房間中沒有其他動物、能夠掌握刺蝟的行動、能夠確實做好排泄的處理．食物的給予方式．水的給予方式．確保睡鋪及健康管理、是容易清掃的環境等等，放養並非不可能。最重要的還是必須將刺蝟的安全和健康管理作為第一考量。

關於室外散步

是否有必要帶刺蝟到室外散步呢？在地面上走動本身就很接近牠原本的生活，還可以挖挖洞，對刺蝟來說或許是一件快樂的事。

不過，室外有蟎蟲等外部寄生蟲，還可能會遭遇貓狗等，有許多危險。再者，也沒有刺蝟可以使用的項圈或胸背帶，所以若讓牠自由玩耍而逃走的話，會成為嚴重的問題（外來生物法→33頁）。

此外，在陌生的地方被陌生的氣味包圍這件事，對刺蝟來說究竟是好的刺激還是過度的刺激？這點也難以判斷。只在室內飼養，並不會成為刺蝟的壓力，所以也不是非得帶牠到戶外不可。

如果真的很想帶牠到室外時，請充分確認有沒有危險、刺蝟是否真的能夠享受室外的樂趣等等，然後再進行。

春秋兩季在氣候舒適的日子裡，也可以在沒有貓狗、沒有灑除草劑之類的場所，使用刺蝟無法脫逃的網目．高度的圍欄，區隔出場所讓牠遊玩。這時一定要設置日陰處，也要準備好飲水。

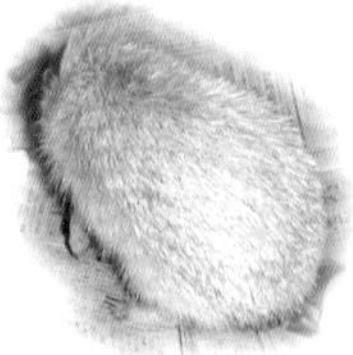

圖文隨筆．

和刺蝟的飛機之旅！？

by らせう（藝術工房まんまるず）

我要從千葉回福岡老家2個禮拜。但是心愛的刺蝟阿尼卻連來回醫院都會暈車……該怎麼辦好？調查的結果，機場似乎有專門的服務。雖然不能帶到座位上，不過好像可以當做手提行李委託保管。我想負擔應該會比搭電車還小，於是決定搭飛機！

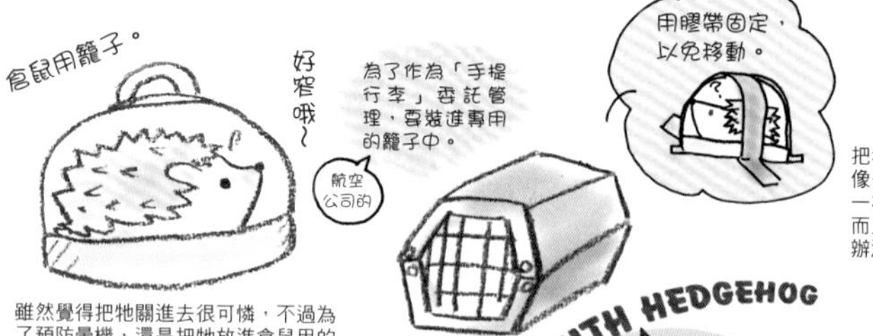

倉鼠用籠子。
好窄哦～
為了作為「手提行李」委託管理，要裝進專用的籠子中。
航空公司的
用腰帶固定，以免移動。

雖然覺得把牠關進去很可憐，不過為了預防暈機，還是把牠放進倉鼠用的移動用籠子裡。

把我的籠子放進專用的籠子裡。總覺得好像是把黑色塑膠袋放入半透明的指定袋中一樣……因為不能只裝入活體而不裝籠，而且歸屬於「小動物」的範圍，這也是沒辦法的事。

TRAVELING WITH HEDGEHOG

成田機場
難道是可疑份子！？
因為行李已經先送回去了，只有簡單的輕裝。
有點髒的大紙袋。

利用移動時間較短的成田國內線，也可以避免人潮擁擠。將籠子放入紙袋後再覆上報紙，更顯得可疑。

〈機內〉
因為不能去看牠，只能做無謂的擔心……

2個小時後，在福岡機場的專用櫃台領取。

一夕爆紅
真可愛！
這裡是哪裡？
好可愛！
領取時並不是像其他行李一樣用輸送帶送過來的！
咻—咻—
叩匡咚啷
〈想像〉

到達老家後，連同牠最喜歡的刷毛布一起放進預先請家人準備好的環境中……關燈道晚安。

然後……和平常一樣響起滾輪的聲音。
終於自由了！

長途旅行辛苦了！阿尼。

藝術工房まんまるず http://manmarus.com

※針對寵物的服務詳細內容請詢問各家航空公司。

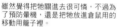

第7章

刺蝟的繁殖

chapter 7 ...Breeding Hedgehogs

在繁殖之前

「想看看我家可愛刺蝟的小寶寶」、「想幫牠建立家庭」、「想讓牠生下想要的毛色的小刺蝟」等等，因為各種不同的理由，而考慮向刺蝟的繁殖挑戰的飼主想必不少吧！

不只是刺蝟，對野生動物們來說，留下子孫是最大的（說不定還是唯一的）目的。只不過，並不是所有的刺蝟都能成功繁殖。能否留下子孫大概也要靠運氣吧！然而在飼養狀態下，會藉由飼主居中進行繁殖而誕生生命，因此繁殖的責任是在飼主身上。在實際進行繁殖前，請先思考下列幾件事。

感受生命的寶貴時刻

在身邊看著新生命的誕生，是非常讓人感動的體驗。媽媽努力地育兒，寶寶拚命地吸吮母乳。雖然是非常小的刺蝟寶寶，但是背上的刺已經長齊了。每天順利地長大，雖然還很小，也已經會將身體蜷曲成球狀，成長為標準的刺蝟模樣了。就算你覺得牠還是隻幼蝟，然而等你察覺時，牠已經完全成熟，生命可能又延續到下一個世代去了。繁殖可以說是切身感受生命的寶貴時刻。

生下和父母相同個性的孩子，或是生下和父母完全不同毛色的孩子等等，或許還會讓你感受遺傳這件事的不可思議呢！

能對生命負責嗎？

●對所有幼蝟的責任

就如前面所述般，在飼養下的繁殖是因為飼主的參與而誕生小寶寶的。你是否能對所有誕生的生命負起責任呢？刺蝟一胎平均會生下3～4隻的寶寶，不過也有生下11隻的報告。你是否能讓所有的幼蝟們都擁有舒適的生活呢？

刺蝟原則上是單獨飼養，所以飼養設備會隨著出生數而增加。放置場所、照顧上所花費的時間、金錢等也都會增加。

送給別人飼養時，也必須先尋找可以信賴的飼主，以讓刺蝟在出讓處也能得到適當的生活。關於繁殖幼體的讓渡，有些情況必須進行動物相關行業的登錄（38頁）。

●對刺蝟媽媽的責任

生兒育女對動物來說是攸關生命的行為。由於會對身體造成重大的負擔，所以必須充分考慮要成為母親的刺蝟是否有足堪懷孕、生產、育兒的體力才行。

結局可能會讓人難過

特意迎進的公刺蝟和母刺蝟相處不來、懷孕了卻撐不到生產等，這些情形都有可能發生。另外，也有報告指出刺蝟寶寶能存活到斷奶的可能性是65％。因為食子或放棄育兒（136頁）而失去好不容易出生的寶寶，這種情況也並不罕見。要讓刺蝟繁殖時，說不定也會面臨這種悲傷的情況。

繁殖外來生物的責任

刺蝟原本是日本沒有的外來生物（33頁）。目前對四趾刺蝟雖然沒有飼養、繁殖的限制，不過，不負責任地將其放生到戶外的人如果增加的話，將來可能會變成無法飼養。請理解飼養和繁殖外來生物，是一件負有重大責任的事。

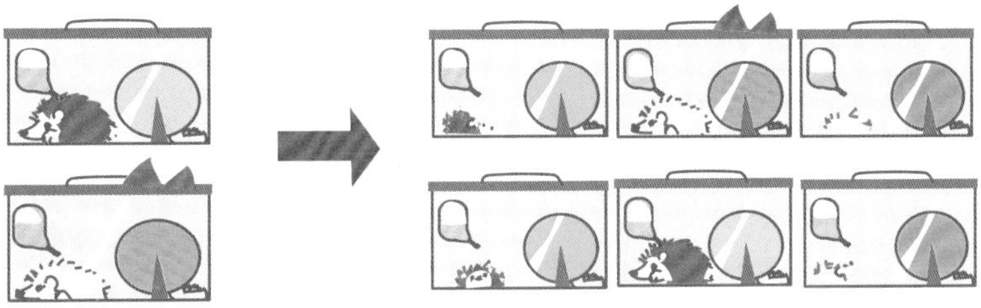

實際進行繁殖

刺蝟的繁殖生理

■性成熟……雄性6～8個月
雌性2～6個月

所謂的性成熟，是指雄性睪丸發達，能夠製造精子、射精；雌性則是卵巢發達，能夠製造卵子、排卵之意。雖然性方面的機能已經完成，不過身體的成長還在持續，如果性成熟後立刻進行繁殖，尤其是對雌性會造成重大的負擔，也經常發生放棄育兒等問題，所以並不建議。實際讓刺蝟繁殖時，請在超過6個月後才進行。

另外，雄性也可能更早達到性成熟，也有生後5週就能使母刺蝟懷孕的報告。

■繁殖季節……全年

在野生狀態下是10～3月，在飼養狀態下則是一整年都可以繁殖，不過以氣候溫和的時期較為適合。

■發情周期……反覆9天的發情期和7天的休止期

發情周期是指雌性可能繁殖的時期（發情期）來訪的周期。雄性在達到性成熟後，則是隨時都處於可能繁殖的狀態。

■排卵……交尾刺激排卵

一般認為刺蝟並不是每一定期間就會發生排卵的自然排卵，而是藉由交尾的刺激才排卵的交尾刺激排卵（也有資料認為是自然排卵）。

■懷孕期間……34～37天

平均約35天左右。有資料顯示短的話是29天，長的話是53天。

■產子數……平均3～4隻

有的只生1隻，多則7隻，也有生下11隻的資料。

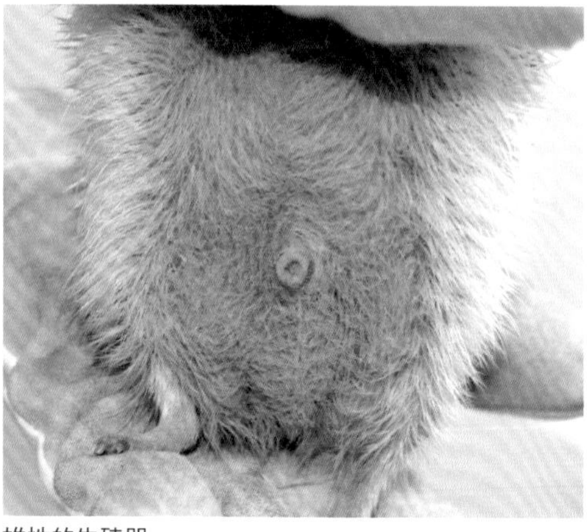
雄性的生殖器

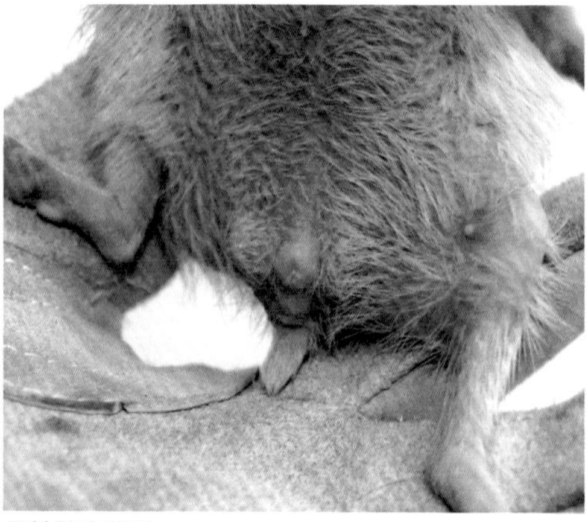
雌性的生殖器

分辨雌雄的方法

雄性和雌性是以肛門和生殖器的位置來分辨的（參照照片）。雄性的肛門和生殖器的位置離得很遠，陰莖位在腹部中心，看起來就像是突出的肚臍一樣；雌性的肛門和生殖器則是鄰接的。

如果讓刺蝟仰躺仍無法確認時，請放入塑膠盒中，由下往上看來加以確認。

其他的外觀上幾乎沒有雌雄的差別。平均來說，雄性的體重有比雌性稍重一點的傾向。

選擇繁殖個體

為了避免因為繁殖而損害到母體的健康，幼兒也都能健康自立，選擇適合繁殖的個體和創造良好的環境是很重要的（關於環境會在後面說明）。

●年齡

性成熟的年齡和最適合繁殖的年齡是不同的。繁殖至少也得在出生6個月後才能進行。又因為年紀太大的繁殖對身體的負擔非常大，所以最好避免超過2～3歲後才讓牠繁殖（雌性）。雄性就不用像雌性做那麼嚴密的考慮，不過上了年紀後，製造精子的能力還是會衰退。請避免讓年紀太大的刺蝟繁殖。

如果打算讓牠繁殖的話，或許在年紀還不大時就讓牠有初產的經驗會比較好。如果到出生1年半都還沒有生產的經驗，就會發生骨盤結合部的融合，一般認為會形成難產。

●健康

懷孕、育兒是相當耗費體力的。容易生病的個體、過瘦或過胖的個體都不適合繁殖。請利用健康的個體來進行繁殖。剛迎進家中時，請先完成檢疫和健康檢查（106頁）。

●性格

對人非常馴服、性格大方的個體較適合繁殖。神經質的刺蝟所生的孩子也可能會同樣神經質。當然這關係到了遺傳，但母親如果總是提心吊膽、戰戰兢兢地育兒，幼兒會變得神經質也無可厚非。不管是什麼樣的性格，飼主都不能任意打擾育兒。如果母刺蝟非常神經質，被一點小事驚動就會放棄育兒的話，飼主可能要多費一些心思才行。

還有，對飲食挑剔、偏食的個體也不太建議。什麼都會吃的個體營養狀態比較好，而且這樣對斷奶的寶寶應該也會有好的影響。

●血緣

在品種育成等特殊情況中會採取近親交配的方式。但如果不是專業的繁殖者，請勿進行近親交配。

也不要使用有遺傳性疾病的個體。就算該個體是健康的，但只要與其有血緣關係的刺蝟帶有遺傳性疾病的話，也請不要讓牠繁殖，因為該個體也可能擁有疾病的遺傳因子。

繁殖的順序

●相親

將公刺蝟和母刺蝟的飼養設備放在隔壁，或是交換沾附氣味的地板材等，讓牠們充分理解彼此的存在後，再讓牠們碰面看看。

如果時機正確的話，就會立刻交尾，之後再將牠們分開；如果快要打起來的話，就要先分開一陣子，之後再安排其他的機會。

●同居

如果沒有演變成激烈的打鬥，就讓公刺蝟和母刺蝟每晚見面，或是短期進行同居。雖然必須配合母刺蝟的發情和時機才能做確實的交尾，但還是必須避免同居的壓力。經常施行的方法是，讓牠們在一起4～5天，然後分開4天，再讓牠們在一起4～5天。

另外也有進入中立的飼養設備的方法，以及進入任何一方的飼養設備中的方法。為了避免將公刺蝟放在牠不習慣的場所，大多是將母刺蝟放入公刺蝟的飼養設備中。

●交尾

在一起後，公刺蝟就會繞著母刺蝟四周打轉，一邊嗅聞味道，並發出「吱—吱—」地好像小鳥般的叫聲。母刺蝟會豎起刺來，發出「噗噗」的威嚇叫聲表示不願意；即使如此，公刺蝟還是會執拗地嗅聞母刺蝟的氣味打轉，就算母刺蝟想走開牠也不肯放棄。母刺蝟可能會半蜷曲身體來拒絕公刺蝟，而當牠想要接受時，就會採取背部向後仰的前凸姿勢（好像也有不採取的情況），允許交尾。公刺蝟會咬住母刺蝟的背部以支撐身體，進行交尾。交尾行為大多會持續4分鐘左右。

●懷孕中

交尾後將公刺蝟和母刺蝟分開，整理好母刺蝟的飼養環境。

環境　到了懷孕後期或開始要育兒後才想改變環境是非常危險的。育兒的睡鋪如果太狹窄，就要先更換成寬敞的；若有需要，也要先準備好寵物電暖器。還有，整個飼養設備的大掃除要儘早完成（至少到生產後2個禮拜左右，都不能做大規模的清掃）。

運動　某種程度地活動身體是好事，所以懷孕時可視情況讓牠在室內散步或是使用滾輪，應該不會有問題；但由於育兒開始後最好暫時不要讓牠在室內散步，因此要逐漸縮短時間。至於滾輪，如果幼蝟已經會到處走動了，可能會有危險，最好在生產前拿走。

飲食　雖然不能肥胖，卻必須有充分的營養。請給予高蛋白質的優質食物，並經常備有乾淨的飲水。

■辨別是否懷孕

要知道刺蝟是否懷孕，可以從體重增加以及懷孕後期乳頭漸漸明顯來判知。一般來說，體重會在2、3個禮拜中增加50g或更多；但是也有幾乎沒增加體重的個體，或是增加200g左右的個體。

此外，也會出現將巢材集中到睡鋪的行為。

●育兒中

生產前會顯得浮燥，即將生產前食慾也會降低。一旦生產了就可聽到小小的叫聲。請悄悄地在旁守候，讓牠能安心地育兒吧！

環境　剛開始的2~3週，母刺蝟大多時間都會躺在睡鋪上。約從生產的5天前到產後5~14天左右（視刺蝟的性格和馴服情況而定），要特別注意保有刺蝟的隱私。當母刺蝟感到不安時，可能會將寶寶叼到別的地方。

清掃時請避開睡鋪旁邊，僅在髒污處迅速做清理。壓力是最大的敵人。請避免巨大聲響、聽不習慣的聲音或氣味。

飲食　良質的高蛋白質食物和豐富的飲水是必需的。營養或水分不足，就無法製造足夠的母乳。（136頁）

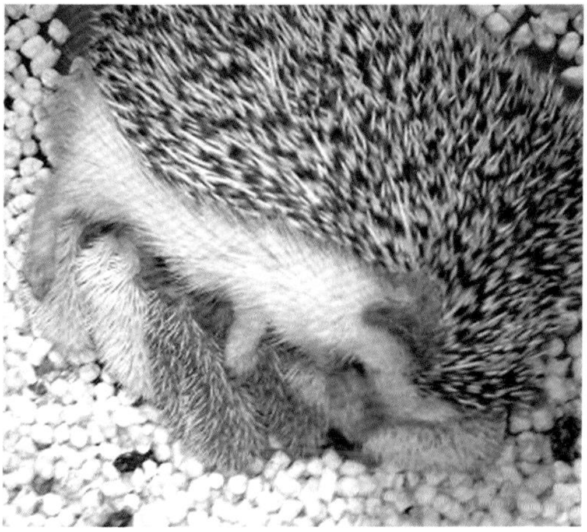

小刺蝟的成長過程

START

右：誕生。體重10～18g（也有資料顯示是5～11g），體長約2.5cm。眼睛和耳洞都還沒有打開，也沒有長毛。出生時，皮膚下方已經有100根左右的刺，但因皮膚中充滿了大量的體液將刺淹沒 所以刺不會傷到產道（以下的照片是不同的刺蝟）。

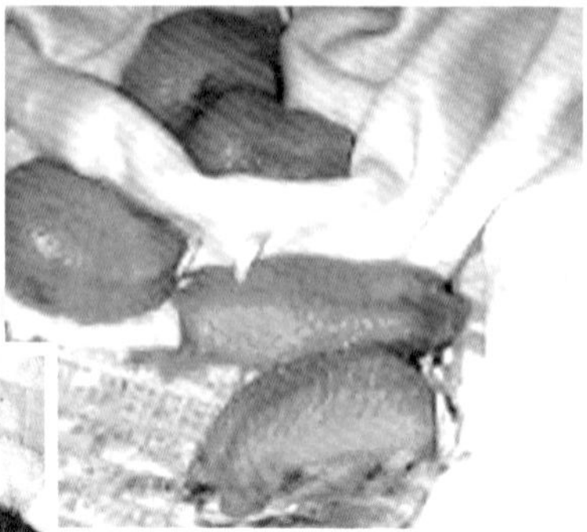

左：生下數分鐘後，體液開始被吸收；不到1個小時，皮膚下面就出現又白又軟的刺。24小時後就會長齊（照片是出生18小時後）。

在14～18天時眼睛和耳洞都開了。一旦眼睛看得見，就會離巢開始冒險，或是吃刺蝟媽媽的食物。大約在17天時，身體開始長毛（照片是第17天）。

第19天。約從第18天開始生長乳牙，所有的乳牙會在第9週前長齊。

第21天

第30天。還是想喝母乳的幼蝟們。只有1隻好像不太一樣……

第26天

第24天。已經習慣吃成蝟的食物了。不過主食還是母乳。

體重的變化一例

第7天25g，第13天50g，第28天110～120g，第68天斷奶時是170～195g。

第8天
不由得就把身體蜷曲起來。

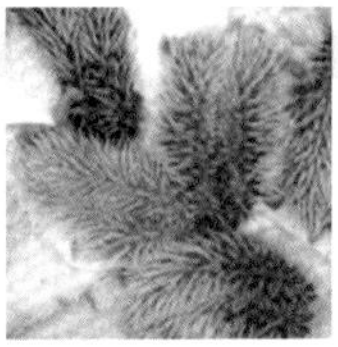

第4天

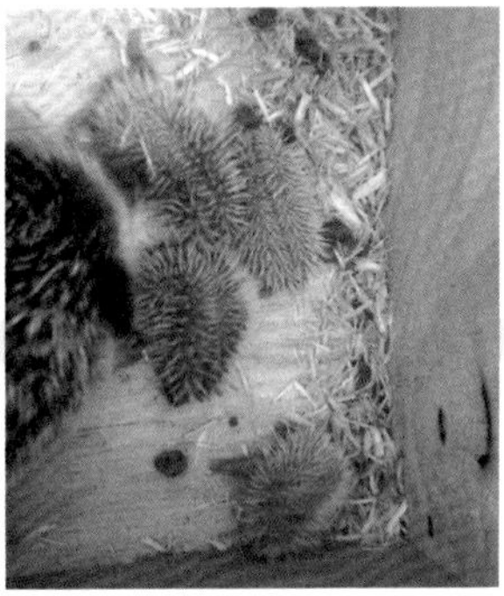

第2天。最初柔軟的刺變得又尖又硬，約4.9～5.5mm。

約到了第2週，已經可以把身體確實地蜷曲成球狀、發出咻咻聲來驅趕侵入者，或是做出塗抹唾液的行動（照片是第10天）。

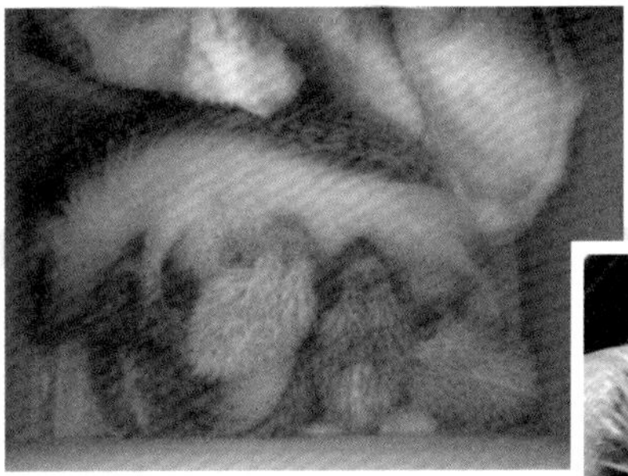

第11天。好好喝母乳的幼蝟們一天天長大了。

第15天

第11天

第41天。差不多要變成成蝟的刺了。刺共會分成3個階段生長。剛出生時就已經有刺的痕跡了；出生第2天起就開始生長，到第2～3週為止的第2代刺，可以說是第3代成蝟刺的縮小版一樣；到了第6週左右，就會換成成蝟的刺。

第41天

第37天。過了4週後，吃成蝟食物的比例變高了。在6～8週時斷奶。

協力：梶原聡子、梶原紘子、pigmy

刺蝟寶寶從睡鋪掉出來了

如果發現刺蝟寶寶從睡鋪滾出來，請用塑膠製湯匙將牠掬起，儘快讓牠回到媽媽身邊。因為身體小的關係，體溫下降得很快，媽媽可能會放棄養育這種狀態的寶寶。另外，人的氣味若附在刺蝟寶寶身上，也會招來放棄育兒或食子的危險，最好加以注意。

●斷奶

從出生後3個禮拜起，幼蝟們對媽媽的食物也會開始產生興趣，不過這個時候的主食還是母乳。請隨著幼蝟們增加吃固形食物的量，來增加給予的食物量。不需要準備特別的食物作為斷奶食品，但可以將乾糧研碎，將蔬菜或水果切成小塊，做成容易食用的大小。

出生後6～8週，幼蝟們就能夠自己站起來了。請注意溫度管理。雖然和媽媽與兄弟姐妹們在一起時很溫暖，但獨處時就有身體冷掉之虞。

當幼蝟們獨立之後，請讓刺蝟媽媽充分休息。

讓幼蝟們習慣

斷奶時期是幼蝟們一點一點認識廣大世界的時期，也是容易習慣各種事物的時期。雖然刺蝟媽媽對人類有多親密或是否神經質等也有影響，不過從斷奶時期開始，就可以慢慢讓幼蝟們習慣人類了。

關於繁殖的問題

●放棄育兒、食子

當媽媽判斷環境不適合育兒時，或者生出來的寶寶畸形、虛弱，媽媽判斷孩子可能無法存活時，就會停止育兒（放棄育兒），或是殺死孩子把牠吃掉（食子）。這種情形在許多動物身上都可以看到。

隨便窺視睡鋪或是碰觸刺蝟寶寶、噪音、和公刺蝟同居、食物或飲水不足等都會成為放棄育兒的原因。還有，刺蝟媽媽若是才剛性成熟就懷孕，或者為初產等經驗較少的情況，也比較容易發生。

食子對於飼主來說，是衝擊非常大的嚴重事態。以人類的想法而言，食子是非常殘酷的一件事，不過比起耗費能量在養育無法存活的孩子身上，倒不如將牠作為營養來賭下一次的機會，才是動物的本能。通常在出生2個禮拜後就不會發生食子的情況，不過還是有可能在更晚時才發生，所以還是努力營造可以安心的環境、對待方式和充分的飲食，盡可能創造優質的環境吧！

● 人工哺乳

當刺蝟媽媽放棄育兒或死亡時，飼主就要想辦法養育幼蝟。如果另外有在差不多時間生產的刺蝟媽媽的話，可以試著將該刺蝟媽媽的尿液等味道沾附到幼蝟身上，然後放進睡鋪中。運氣好的話，刺蝟媽媽就會一起撫育。另一個方法就是人工哺育。雖然成功率不高，但是可以的話，還是把能夠做的事都嘗試看看吧！

哺乳：準備寵物奶（狗奶、貓奶或山羊奶），剛開始要稀釋，然後慢慢地調成規定的濃度，到出生後3週為止，每隔2～4小時餵一次奶。剛開始的間隔較短，隨著日數的經過，漸漸拉開間隔。一定要給予和人體肌膚差不多的溫奶水，使用沒有針頭的注射器或滴管等，牠想喝多少就餵多少。如果肚子還留有前一次的奶水（幼小時期的皮膚是透明的），表示一次給予過多，或是環境溫度過低。餵食時，要保持身體呈垂直狀，避免嗆入氣管，少量少量地餵食。

■刺蝟的乳汁成分

100g中含有蛋白質16g、碳水化合物微量、脂肪25.5g。

飲食：從4週大開始慢慢給予和成蝟相同的食物。乾糧一定要泡脹，麵包蟲請給予剛蛻皮的柔軟蟲子。

溫度：請讓牠在厚厚地鋪上刷毛布作為睡鋪的塑膠箱中休息。最初的2～3週約保持在32～35℃。寵物電暖器要放在塑膠箱的外側，不要直接加熱幼蝟的身體，請採取藉由暖和睡鋪來間接溫暖的方法。

排泄：幼小的刺蝟無法自己排泄。給予奶水後，請使用沾過溫水的棉花等摩擦下腹部，催促排泄。

體重：每天測量體重。第1週每天增加1、2g，第2週是3、4g，第3～4週是4、5g，到60天為止是7～9g。斷奶後，體重會有稍微減輕的情形。

刺蝟照相館　part2

騎在媽媽背上
的小刺蝟。

這可不是球喲！

嘿嘿！

好、好想睡……

出不來了啦！
誰來救命啊～

我漂亮嗎？

這個味道真
讓人安心啊！

也帶我出門
去逛逛吧！

第 8 章

刺蝟的醫學

chapter 8 ...The medical science of Hedgehogs

為了健康地渡過每一天

迎進家中的刺蝟能夠健康長壽，是最讓人高興的事。因為每隻刺蝟天生的健康狀態和體力各有不同，所以有隨便養也不會生病的個體，也有小心注意地飼養卻仍然生病的個體。刺蝟作為寵物的歷史還很短，在疾病方面還有不少尚未清楚的事，也無法像貓狗一樣，不管帶去哪一間動物醫院都能接受診察。

我們能做的事情，就是盡可能準備妥善的飼養環境，努力讓牠能夠維持健康，然後將該個體擁有的生存力量引出至最大極限。

—健康生活的10項守則—

了解刺蝟的生態和習性

了解你的刺蝟的個性

準備適當的飼養環境

給予適當的食物和水

不過胖也不過瘦，讓牠維持適當的體格

適當的對待方式

不要給予過度的壓力

製造適度運動的機會

確實進行健康檢查

尋找好的動物醫院

刺蝟的身體構造

・眼睛…視力不算太好（50頁）。在刺蝟的同類中，算是眼睛比較大的。

・耳朵…擁有敏銳的聽覺（51頁）。因為有刺所以不太明顯，其實擁有圓弧形的耳廓。

・鼻子…擁有非常優異的嗅覺（51頁）。鼻孔朝上，鼻端經常保持微濕。

・鬍鬚…屬於觸覺器官的鬍鬚，使用於鑽進狹窄場所時探知周圍的狀況。

・牙齒…恆齒共36顆（依個體也可能出現變異）。門齒共10顆，犬齒是4顆，前臼齒10顆，後臼齒12顆（在齒列上，將左右任何一側的牙齒排列分為上下，依照門齒、犬齒、前臼齒、後臼齒的順序排列）。牙齒不會持續長長。上顎中央的2顆門齒向前方大大地突出，而且開有隙間。下顎的門齒彷彿收納於其中般，以便捕獲昆蟲。乳牙從出生後18天左右開始生長，恆齒從7~9週開始生長，和乳牙慢慢做更換。

Tips

四趾刺蝟的齒列

右側

	門齒	犬齒	前臼齒	後臼齒
上顎	3	1	3	3
下顎	2	1	2	3

・皮膚和被毛…除了有刺的部分之外，其他全被被毛覆蓋。

・尾巴…幾乎不明顯，但其實擁有短尾巴。

・乳頭…公刺蝟和母刺蝟都有，最多有到5對的乳頭。

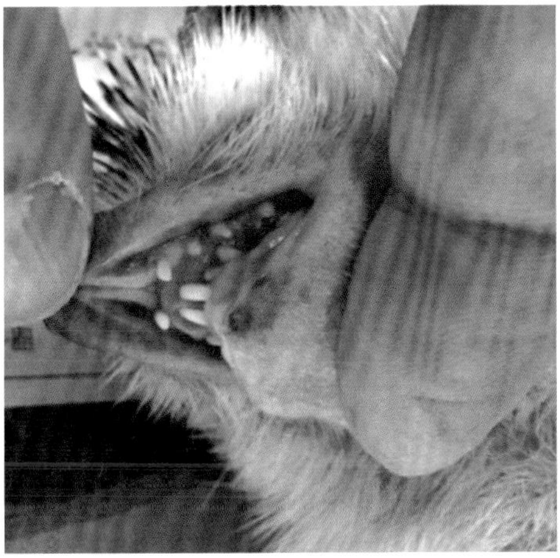

刺蝟的齒列。有隙間的上顎門齒向前突出，下顎門齒收納於其中。

・四肢：前腳有5趾，後腳有4趾（西歐刺蝟等是各有5趾）。步行方式是「蹠行性」，整個腳底貼在地面上步行。由於牠平常總是放低身體，將腹部貼近地面般地行走，所以大家很少注意到，但牠其實擁有出人意料的修長四肢。

・生殖器：和其他許多動物不同，公刺蝟即使性成熟，陰囊也不會降下來，睪丸始終存在於腹腔內。雌性的子宮被分為二，擁有部分癒合的雙角子宮。陰道口和尿道口沒有分開，尿道口的開口在陰道入口附近。

・排泄物：糞便的形狀有如香蕉般細長，呈深棕色，有某種程度的硬度。尿液為淡黃色。

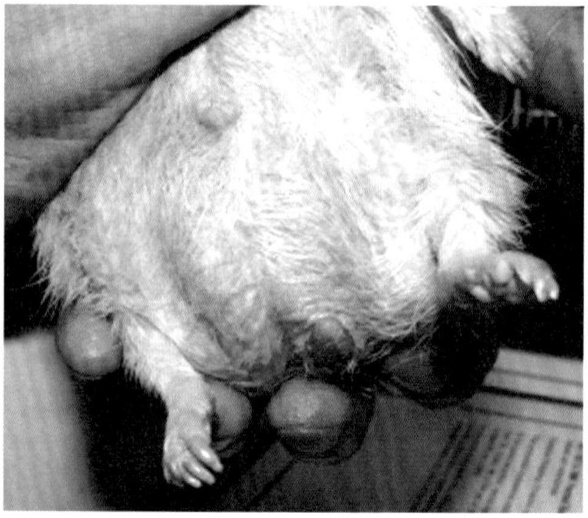

睪丸存在腹腔內。

刺蝟的刺

刺蝟的最大特徵是，擁有從頭頂部到臀部、覆蓋整個背部的刺。刺的根數依年齡和身體大小而異，一般認為年輕刺蝟約有３５００根，體格好的成熟刺蝟約有７０００根或更多。

刺和被毛、爪子一樣，都是由角質（蛋白質）所形成，長度約２cm左右。刺雖然輕，卻堅韌有彈性，這是因為它的內側是以薄壁隔成許多像小房間一樣的空格、內部構造很複雜的關係。

仔細觀察一根刺，從末端到根部的粗細並不相同。末端是尖銳的，逐漸變粗，隨著越往根部再次變細，可以做出有彈性的動作；根部呈圓球狀，納入毛孔裡。只要危險一迫近，刺蝟就會讓結合在毛孔上的肌肉收縮，於是刺便會向各個方向豎立起來。

就算用力拉，刺也不會輕易脫落，不過有時會換生。一般認為一根刺的壽命可長達18個月。

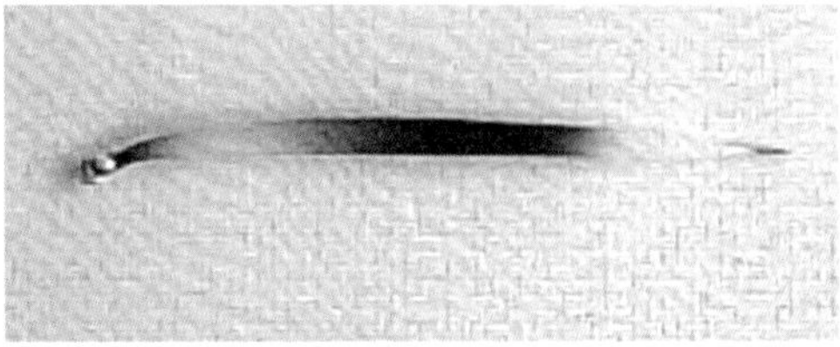

（上）往根部逐漸變細的刺。
（左上）藉由肌肉的收縮，讓刺朝向四方豎立。
（左中）頭部的刺在中央有分線。

大耳蝟屬以外的刺蝟，在刺的生長方式上有其特徵。頭頂部的中心不長刺，看起來就像是「中分」一樣。那並不是掉落的，而是從一開始就長成這樣。

蜷曲成球的構造

刺蝟一感到危險，就會以即便人類用盡力氣也很難打開的力量，將身體緊緊地蜷曲成球狀。請想像束口袋拉緊繩子、將袋口緊閉的模樣，應該就不難理解它的構造了。

刺蝟的背部，在長刺部分的皮膚下面，存在著一大片強而有力的肌肉（皮肌）。此肌肉的周圍（沒有長刺的腹部

或臉部、臀部附近）比背部中央還要有力，邊緣部分形成了環繞身體一圈、稱為輪匝肌的肌肉組織。當刺蝟想保護身體而收縮輪匝肌時，頭部和臀部的肌肉也會收縮；一旦遭到敵人的攻擊，頭部、腹部、臀部立刻就會被拉往背部的皮膚中。越是對輪匝肌用力，刺蝟的身體就會越緊縮成球形。

而在背部皮膚被用力拉緊的同時，刺根部的肌肉也會被拉開，所以刺就更加有力地豎起來了。

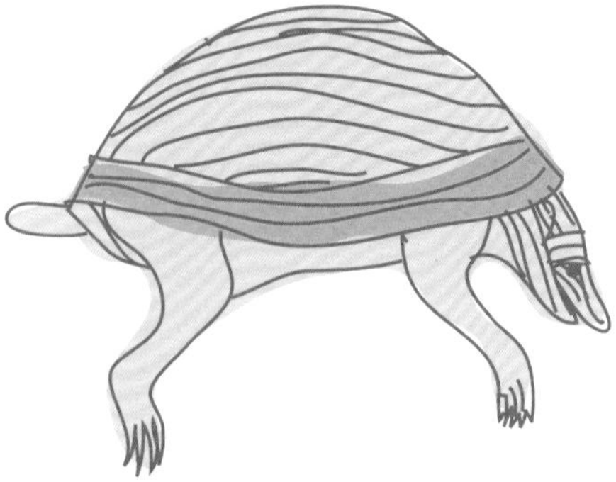

將環繞身體一圈的強力肌肉「輪匝肌」（左圖紅色部分）收縮，此時，頭部和臀部的肌肉也會收縮（左下圖），而將整個身體收納入背部的皮膚中（下圖）。

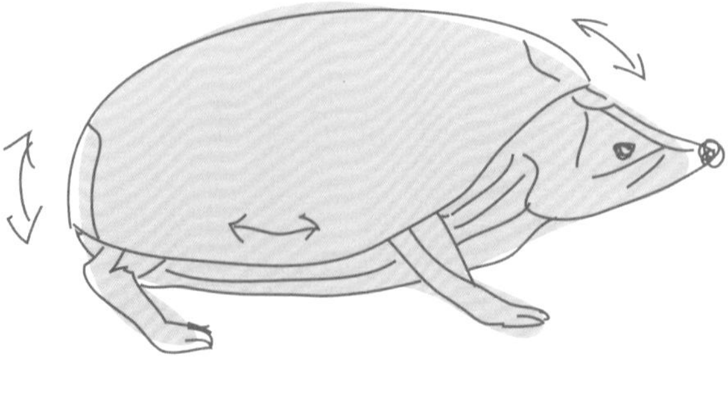

健康檢查的重點

刺蝟無法說話，牠的健康管理就只能靠仔細觀察了。為了疾病的早期發現．早期治療，請將健康檢查作為每天應做的事。在每天照顧的同時，也來做健康檢查吧！可以在給予食物的時候確認食慾、讓牠遊戲時確認精神的好壞、清掃廁所時確認排泄物的狀態等等，一邊享受彼此接觸的樂趣，一邊確認身體是否有傷口或硬塊、疼痛等。

☑有食慾嗎？ 即使多少有一些起伏，但也不至於到不吃最喜愛的食物，或是一整天什麼都不吃。口中疼痛也可能改變用餐方式，所以也要觀察進食時樣子的變化，並注意飲水量的變化。

☑排泄物有無變化？ 糞便的顏色是否有變化（黑色、綠色）？有無軟便、下痢或水便？糞便的顆粒是否有變小或是減量？尿量、顏色有變化嗎？排泄時是否有好像疼痛或是難以排出的樣子？

☑行動上有無變化？ 是否有搖晃不穩或笨拙的走路方式？或是曳足而行、到了活動時間卻趴著不動、感覺不安、突然變得具攻擊性等等，這些行動上的變化也別遺漏了。

☑皮膚和被毛、刺、趾甲的狀態如何？有沒有掉毛或皮屑、傷口？是否有超過平常理毛程度的過度搔撓身體？刺可能會因換生而掉落，不過整個一起脫落是不正常的。趾甲是否太長了？

☑眼睛是否靈活？ 眼睛的光輝會如實顯示出身體的狀況。牠是否有靈活的眼睛？如果覺得牠的眼睛沒有神采，請試著仔細觀察其他部位的健康狀態。

☑呼吸有無變化？ 是否出現頻頻打噴嚏、流鼻水、張口呼吸，或是用全身力氣來呼吸的樣子？

☑有無硬塊或腫脹？ 如果是已經馴服的刺蝟，可以撫摸牠的全身確認有沒有硬塊或腫脹，或是一碰就顯得疼痛的地方？如果刺蝟不太願意讓人撫摸身體時，就裝進塑膠盒中，從底部往上看，試著做腹部的檢查。

☑有無分泌物或髒污？ 有沒有眼屎、鼻水、耳垢等？肛門或生殖器周圍是否有被糞便或出血、分泌物等弄髒？

☑體重有沒有變化？ 請定期測量、記錄體重。是否並非處於成長期或懷孕中，體重卻急遽增加或突然減輕？

☑是否覺得「好像和平常不太一樣」？

或許並不清楚哪裡有什麼不對勁，但卻總覺得牠無精打采，樣子和平常有點不太一樣。不要認為是自己多慮了，請仔細觀察其他部位的健康狀態，如果還是介意的話，就帶到動物醫院接受診察吧！

●記下健康記錄

大多數的疾病都是由輕微症狀開始的。突然發生嚴重症狀的情形並不是那麼常見。就算生病了，只要在症狀輕微時就發現，開始治療的話，治癒的可能性和抑制病情進展的可能性應該都會提高吧！與其無意識地注視刺蝟，不如抱著「想觀察健康狀態」的意識來看待刺蝟，更能迅速發現身體狀況的變化。建議飼主寫下刺蝟的健康記錄。觀察145～146頁中介紹的健康檢查重點，如果有在意的地方就記錄下來。此外，除了環境改變、食物改變等事項之外，附近正在進行道路工程所以有噪音等，周邊環境的變化最好也做個備註。若能知道是從什麼時候開始變得奇怪的，以及那個時候是否發生了什麼事，對於疾病的診斷和原因的推測會大有幫助。

Tips　刺蝟資料

・**體重**
雌性 300～600g　雄性 400～600g（另外也有675～900g、255～540g，或是雌性250～400g、雄性500～600g的資料）

・**壽命**
平均4～6歲，長的話8～9歲到10歲（野生下是2～3歲）

・**體溫**
35.4～37.0℃

・**食物通過消化道的時間**
12～16小時

・**心跳數**
180～280次／分鐘

・**呼吸數**
25～50次／分鐘

《健康日記格式一例》

月　日　天氣　℃　%			
今天的飲食	主食	副食・零食	
今天的照顧	清掃	其他	
體重		食慾	
糞便的狀態		尿液的狀態	
check ☐ 眼睛 ☐ 鼻子 ☐ 嘴巴和牙齒 ☐ 耳朵 ☐ 呼吸		☐ 刺・被毛・皮膚 ☐ 臀部周圍 ☐ 行動 ☐ 全身 ☐ 硬塊等	
備註			

預先找好動物醫院

在此要建議的是，一旦決定要迎接刺蝟回家，就要立刻尋找動物醫院。和以往比起來，有診察刺蝟之類外來寵物的動物醫院雖然增加了，不過還是不多。尤其以目前的情況來看，也因地區不同而有差異，在都會區比較容易找到，其他地區則大多很難找到這類型的動物醫院。因此，萬一刺蝟的身體出了問題，一時也很難找到動物醫院，而在尋找的這段期間，症狀也有惡化的危險。

請試著用電話簿或網路尋找。如果有將「外來寵物」作為診療對象的醫院，不妨詢問看看是否有診察刺蝟。也可利用寵物店或飼主的口耳相傳等各種方法，試著尋找能夠診察刺蝟的動物醫院（從飼主方面打聽到的情報有時非常有用，但有時也可能是因為該飼主和獸醫師比較投緣的關係，這點請大家不要忘記）。

找到動物醫院後，就帶刺蝟前往接受健康檢查吧！請獸醫師檢查是否有刺蝟常見的疥蟎等是非常重要的，而且如果能讓獸醫師先知道健康時的狀態（檢查資料），對於緊急時的診斷和治療上大多能有所幫助。

就算刺蝟過得很健康，也至少要每年做一次健康檢查，高齡後約半年一次，才能安心。

能夠診察刺蝟的醫院未必就在附近。除了尋找可以信任的往來醫院之外，也要事先調查好緊急時能立刻前往的附近醫院，以及休診日仍然可看診的醫院，或是有夜診的醫院等，會讓人更安心。

如果醫院是採預約制，請一定要先預約。依前面看診動物的狀態，時間可能會往後延，建議在時間上要儘量安排得充裕一些。

刺蝟的疾病

刺蝟常見的疾病

●疥癬

由疥蟎所引起的疥癬是刺蝟極為常見的皮膚病。疥蟎有各種不同的種類，已知寵物刺蝟常見的是*Caparinia tripolis*或*Notoedres muris*，野生刺蝟常見的則是*Caparinia erinacei*。

疥蟎的特徵是，會在皮膚下挖掘稱為疥蟲隧道的洞，雌性會在其中產卵。

會透過地板材和毛巾等，或是與被疥蟎寄生的刺蝟直接接觸而傳染。一般認為應該是在繁殖場、從繁殖場出來的搬運過程中或是寵物店等，讓許多刺蝟待在相同空間的狀況下而擴大傳染的。新迎進刺蝟時必須有檢疫期間（106頁）的原因之一，就是因為新進的刺蝟受到疥蟎寄生的可能性非常高。

【症狀】經常發生在刺根部的皮膚或眼睛周圍。刺根部可以看到有如瘡痂般的皮屑，可能出現脫毛、掉刺，還有激烈的搔癢。顯得無精打采，食慾不振。

【診斷】撓刮皮膚，或是用膠帶採取皮屑等，做顯微鏡檢查，以有無發現蟎或蟎卵來做診斷。

【治療】藉由驅蟲劑（Ivermectin，伊維菌素）的注射或（Selamectin，色拉菌素等的）滴注來驅蟲。由於對已經生下來的蟲卵沒有效果，因此要估計卵孵化的時期（隔7～14天），反覆3～5次的投藥，就可確實治療。在治療的同時，飼養設備和飼養用品也要用流水充分洗淨，以熱水消毒（50℃以上），並更換所有的地板材，創造衛生的環境。

【預防】新來的刺蝟要做健康檢查，避免和可能有寄生蟲的個體接觸等。

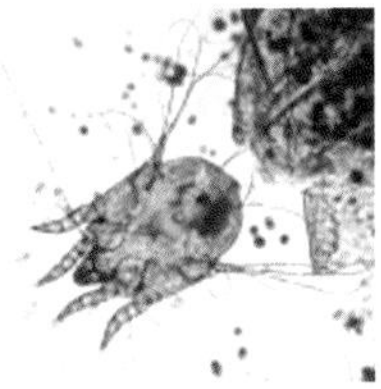
顯微鏡下的蟎。

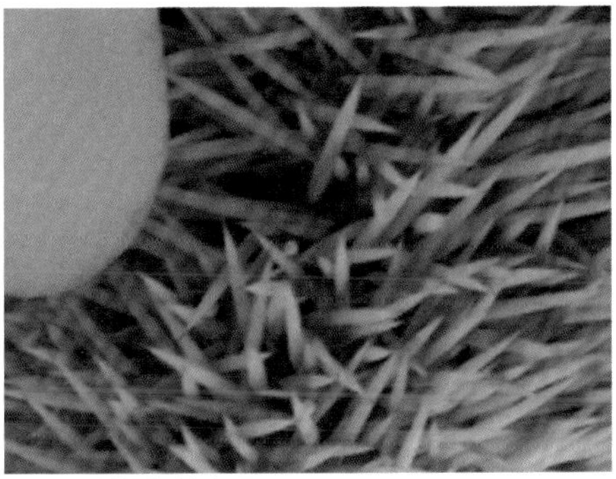
出現在刺根部的皮屑。

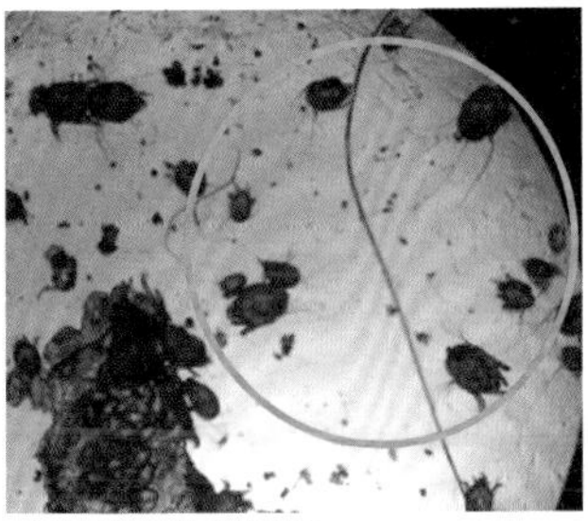
大量發生的蟎與卵。

●腫瘤

身體的細胞通常是在一定的規則下增殖的，以維持身體各種不同組織的健康。不過，有時會因為某些原因而開始異常地增殖，這就是腫瘤。在腫瘤中，有慢慢增殖，和健康的組織間界線分明，不會轉移的「良性腫瘤」；和增殖速度快，會漸漸滲透到健康組織中，也會轉移的「惡性腫瘤」，也就是「癌症」。一般認為癌症的發生有遺傳、環境、年齡增加等各種原因。

腫瘤是年老後容易發病的疾病之一，也是刺蝟常見的疾病。有報告指出，腫瘤中超過80％都是惡性腫瘤。

在刺蝟的腫瘤中，特別常見的有扁平上皮癌、乳腺腫瘤和子宮癌、淋巴瘤等。但是，幾乎身體的所有的部位都可能會發生腫瘤。

【症狀】除了形成硬塊或腫脹外，也會出現體重減輕、沒有食慾、無精打采、下痢、呼吸困難、腹水等；子宮癌則可見生殖器的出血。至於口腔的扁平上皮癌，則會出現牙肉腫脹、牙齒脫落、牙齦炎等症狀。

在肩部形成的腫瘤。

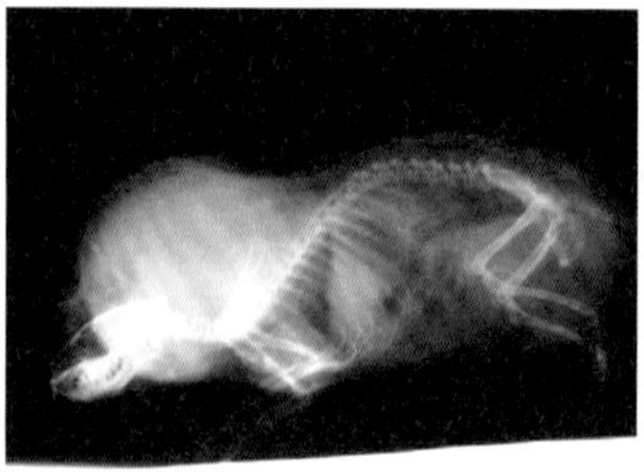

從側面拍攝的X光照片。

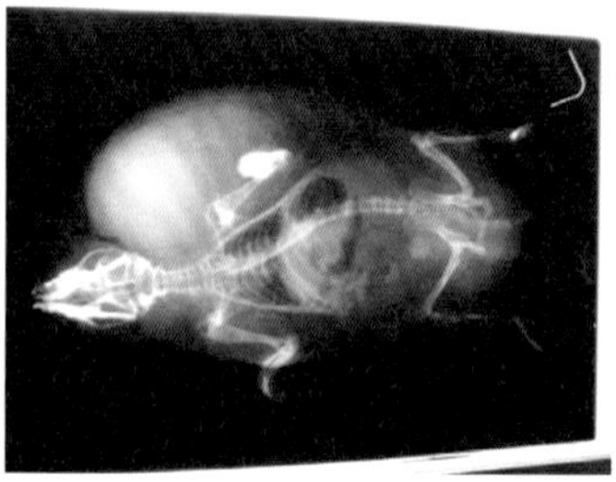

從正面拍攝的X光照片。

在前腳根部形成的腫瘤。

在頭部形成的腫瘤。

在鼻子形成的腫瘤。

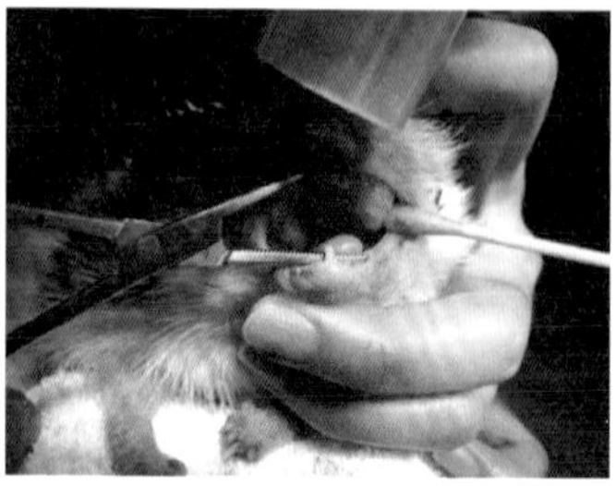

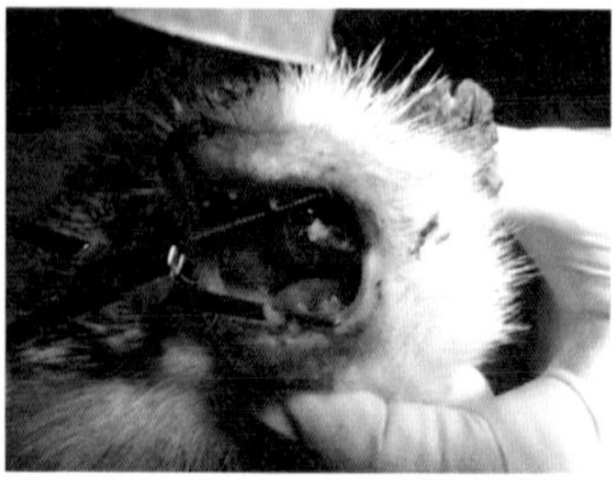

（左）在口腔內形成的腫瘤。
（右）手術切除後。

【診斷】藉由X光檢查、血液檢查、超音波檢查、活體組織切片檢查（取出患部的組織後，用顯微鏡檢查）等加以診斷。

【治療】依腫瘤的種類、發生部位、進展程度、個體的全身狀態等而各有不同。可能進行摘除手術、使用抗癌劑等的化學療法，也可能考慮到風險而不對腫瘤做積極治療，以提高生活品質為優先。不妨和醫師詳細商量，再來決定治療方針。

【預防】準備適合刺蝟的飼養環境，同時藉由每天的健康檢查和定期的健康診斷，以求早期發現。年老後比年輕時更容易發病。就刺蝟來說，有報告認為平均會在3.5歲時發病。

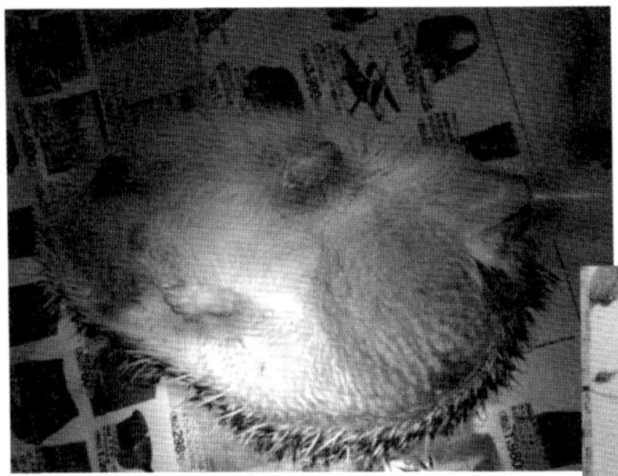

（上）在肩部形成的腫瘤。
（右）切除後，和刺蝟身體幾乎一樣大的腫瘤。

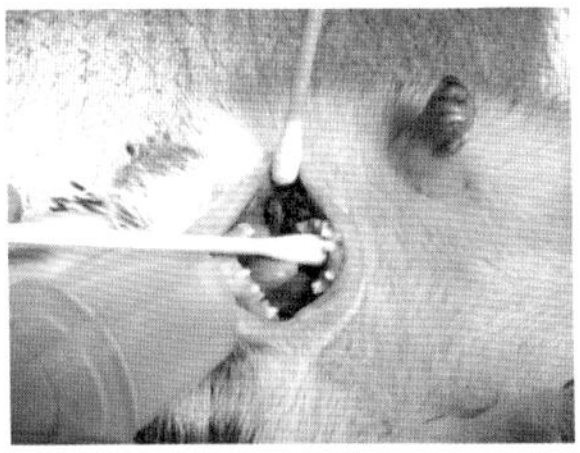

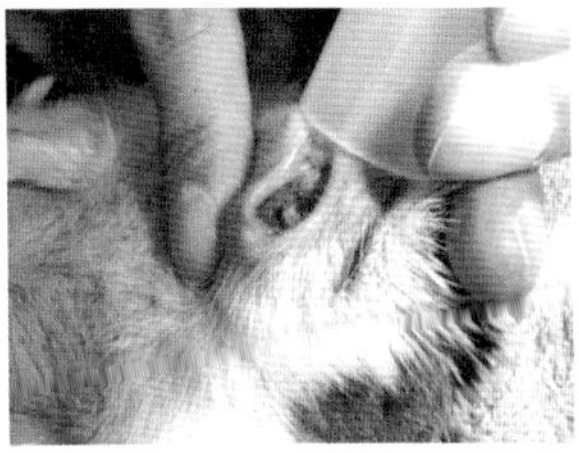

（右上・下）在口腔內形成的腫瘤。

●牙周病

牙齦炎或牙周炎等牙周病，也是刺蝟常見的疾病。尤其是一到高齡，就很容易發生這樣的疾病。

吃東西時，食物殘渣會附著在牙齒表面；以此為食而增殖的細菌塊就稱為牙垢。這種細菌如果造成牙齦發炎，就是牙齦炎。

牙垢經過一段時間後，會變成堅硬的牙結石附著在牙齒上。牙結石的表面粗糙，更容易附著牙垢，所以牙結石會漸漸累積。如此一來，牙結石就會侵入牙齒和牙齦間的隙縫（牙周囊袋變深），由牙齦炎進展為牙周炎。一旦變得嚴重，就連牙槽骨或牙周膜等牙周組織也會遭受破壞。

此外，牙周病並不只是牙齒周圍的疾病而已。目前已知，細菌會隨著血流循環全身，也可能會引起肝臟或腎臟等內臟疾病。

【症狀】出現口臭、牙齒變色、牙齦變紅、腫脹、牙齒鬆動、牙齒看起來好像變長了（牙齦萎縮）、牙齒脫落等症狀。因為口腔內會疼痛，可能會出現不想吃硬的食物、吃東西很花時間、食慾不振等現象，或是因為唾液增加、疼痛或不適而頻頻出現在意嘴巴的舉動。

【診斷】藉由視診牙齦的狀態或是X光攝影來確認牙根周圍發炎的狀態。

【治療】去除牙結石（麻醉後，進行洗牙以刮除牙齒表面的牙結石）、投與抗生素等。即使除去了牙結石，如果怠忽以後的牙齒照護，還是會再次附著。視疾病進行的程度來施行拔牙。

【預防】乾糧之類有某種硬度的食物，以及昆蟲類般纖維質多的食物，一般認為在咀嚼時有去除牙齒表面牙垢的作用。最好的方法是刷牙（狗和貓是使用專用的小牙刷，或是手指纏上紗布來摩擦牙齒表面），不過現實上很難在刺蝟身上實行，所以只要偶爾給予前述有去除牙垢功能的食物即可。也可以使用滴入口腔內的液狀牙膏（貓狗用），或是給予能夠啃著玩的玩具。

正常的齒列。牙齒和牙齒之間有隙縫。

●肥胖

常見於大多數的寵物刺蝟身上。雖然肥胖本身不是病，卻會引發各種疾病，對健康帶來不好的影響。

＊肥胖的識別

用來判斷狗和貓的體型指標有「身體狀況評分（ＢＣＳ）」，指數分為１（嚴重削瘦）到５（肥胖）。肥胖的大致標準是「體重為理想體重的１２３～１４６％」、「肋骨被厚厚的脂肪覆蓋，非常難以摸到」、「明顯的脂肪沉澱，腹部下垂」、「從上往下看，背部明顯寬闊」等。

就刺蝟來說，因為有刺的關係，無法用完全相同的方法來判斷，不過過度肥胖，就會出現以下的狀態。

■**腹部脂肪成為阻礙，無法完全蜷曲成球狀。**

■**無法做好塗抹唾液或自我理毛的行為。**

■**標準體型的刺蝟給人的印象是有刺的背部明顯，但幾乎不會看到腹部；而肥胖刺蝟給人的印象是腹部膨脹臃腫，非常明顯。**

■**頸部周圍、前腳根部有像雙下巴一樣的脂肪堆積。**

註：母刺蝟體重急遽增加時，請考慮懷孕的可能性。即使只飼養一隻，也有可能是在寵物店時就懷孕了。

＊肥胖的問題點

■提高發生脂肪肝、高脂血症、心臟疾病、糖尿病等的風險。

■增加對心臟和肺部的負擔、麻醉後不容易清醒、手術時間拉長等，在必須使用麻醉時會提高風險。刺蝟除了外科手術外，有時在診察時也必須麻醉，所以肥胖也可能造成無法接受適當的診察。

■已知會降低免疫力。

■因為脂肪過剩導致身體散熱慢，提高中暑的風險。

■無法做好自己理毛的工作。因此皮膚的狀況變差，容易發生皮膚疾病。

■鬆弛的皮膚形成皺褶的部分會變得較潮

濕，容易發生皮膚疾病。

■皮下脂肪擋在中間，無法好好進行撫摸身體的健康檢查。

■會增加支撐身體的關節和骨骼的負擔。

■刺蝟是放低腹部行走的。變得肥胖時，腹部會碰觸到地板；由於公刺蝟的陰莖在腹部正中央，因此可能會因地板材等而受傷，發生感染。

肥胖的刺蝟。由於脂肪過度堆積而無法蜷曲成球狀。

＊體重的控制

肥胖的最大原因是食量和運動量的不平衡。當消耗的熱量少於攝取的熱量時，多餘的熱量就會被儲存成脂肪，因此變得肥胖；身體一變重，就會更懶得運動而不動，於是就越來越肥胖，陷入惡性循環中。

請重新檢視飲食內容，是否過度給予脂肪成分過多的食物（參照第5章「刺蝟的飲食」）。不是減少給予的量，而是進行質的改善。

此外，也可以分成好幾次餵食，以免讓牠一口氣吃完後倒頭就睡；或是在房間各處放置餐碗，增加牠行動的距離等等，試著在給予方法上多花一些心思。

另外，也要擴大飼養設備的空間，給予滾輪或隧道等玩具，增加讓牠在房間中遊戲的時間等等，設法增加運動的機會。

結實有肉是最適當的體型。太胖不好，但過瘦也有問題。減肥中請定期量體重，觀察糞便的狀態，慢慢地讓體重降下來吧！

眼睛的疾病

刺蝟常見的眼睛疾病……角膜潰瘍、角膜外傷、結膜炎、眼睛突出、白內障等。

角膜是覆蓋在眼球前面的透明膜。由於刺蝟的眼睛有點突出，可能會因為尖銳的地板材扎到眼睛、清理臉部時被過長的爪子碰到、和其他刺蝟打鬥等原因而傷到角膜（**角膜外傷**），造成細菌感染而引起發炎（**角膜潰瘍**、**結膜炎**）。

可能會出現淚水和眼屎變多、角膜呈白濁狀、有疼痛感所以不喜歡被觸及眼睛周圍、畏光等症狀。可用含有抗生素的眼藥來治療。

因為眼窩淺的關係，打架等造成的外傷、眼睛發炎、過度的脂肪蓄積（眼球後側的脂肪將眼球推出）等原因都會造成**眼睛突出**。因為眼皮無法閉上，會使得眼睛乾燥，或是容易受傷，最後變得失明。視狀況進行眼皮縫合、眼球摘除等處置。

白內障是眼中的水晶體變得白濁的疾病，常見於高齡動物。除了老化引起的之外，也會發生早發性白內障。由於難以治療，所以早晚難逃失明的狀況，不過只要避免改變飼養環境，還是能夠好好生活的。

脂肪過度蓄積導致眼睛突出。

＊圖中並非生病的刺蝟。

牙齒和口腔的疾病

刺蝟常見的牙齒和口腔疾病……牙齦炎、牙周炎、牙齒磨耗、破折、口內炎、硬物正好嵌在口蓋上等。

牙齦炎、牙周炎↓150頁

如果老是給予過硬的食物，或是有一直啃咬硬物的習慣，就會引起**牙齒磨耗**或**破折**。這是一到高齡就容易發生的問題。磨耗是指咬東西時牙齒之間的磨擦，或是牙齒和硬物磨擦，造成牙齒表面的琺瑯質或象牙質磨損；而破折則是指牙齒斷裂。

發生破折或是磨耗嚴重時，牙髓會露出，細菌感染甚至可能深及牙根。刺蝟會因為強烈的疼痛而無法吃堅硬的食物，或是不喜歡被碰觸到嘴巴周圍。可以施行牙齒的修復，情況惡劣時則必須做拔牙治療。

刺蝟和齧齒目的老鼠是不同類型的動物。並不需要「為了磨損不斷生長的牙齒而給予堅硬的食物」。

公刺蝟在交尾時會咬住母刺蝟的背部。這個時候，嘴巴可能會被刺所傷，引起**口內炎**。刺蝟會因為疼痛而變得不想吃堅硬的食物，或是唾液變多。在投與抗生素的同時，也要給予軟質食物直到痊癒為止。

此外，雖然不是疾病，但是在刺蝟常見的口腔內問題中，有一項是**硬物正好嵌在口蓋上**。在國外的文獻中，經常舉花生米作為容易嵌入的食物事例，另外像是大顆的乾糧等也必須注意。應該會出現不太想吃東西，或是好像很在意嘴巴的行為。

＊圖中並非生病的刺蝟。

呼吸器官的疾病

刺蝟常見的呼吸器官疾病…上呼吸道．下呼吸道感染症等。

呼吸器官分為鼻子、鼻腔、副鼻腔、咽頭的「**上呼吸道**」，和喉頭、氣管、支氣管、肺部的「**下呼吸道**」。

所謂的呼吸器官感染症，從大多為輕症的上呼吸道感染，到如肺炎般嚴重的下呼吸道感染，其症狀有相當大的範圍。

原因是*Bordetella bronchiseptica*（支氣管敗血性博德桿菌）、*Pasteurella multocida*（巴斯德桿菌）、*Mycoplasma spp.*（黴漿菌屬）等的細菌感染。在不適切的環境下容易感染，也容易惡化。所謂不適切的環境是指過冷、營養不足、不衛生、多灰塵的環境等。此外，處在壓力下或是免疫力低落，也是症狀惡化的主要原因。

上呼吸道感染可見鼻水、頻頻打噴嚏、鼻子吹出氣泡等症狀；感染一旦進行到下呼吸道，就會出現咳嗽、缺乏食慾、彷彿搖動全身般地呼吸、呼吸音異常、呼吸困難等；若是進展至肺炎，大多有喪命的危險。出現鼻水或頻打噴嚏等現象時，只要覺得有點不對勁，就請儘快接受獸醫師的診察。

治療上除了投與抗生素或噴霧（吸入器）治療，同時也要重新檢視飼養環境，進行溫度管理、衛生方面的改善等。

此外，針葉樹木屑之類不適當的地板材所引起的過敏症狀，也可能會出現在呼吸器官上。

＊圖中並非生病的刺蝟。

消化器官的疾病

刺蝟常見的消化器官疾病……沙門氏菌腸炎、隱孢子蟲病、消化道阻塞、腸扭轉、消化道發炎、下痢、脂肪肝、肝臟壞死（單純疱疹病毒第一型）等。

刺蝟帶有幾種類型的*Salmonella spp.*（沙門氏菌）。平常沒有任何症狀，不過在不適切的環境下，就會引發**沙門氏菌腸炎**，出現下痢、體重減輕、沒有食慾、脫水、無精打采等症狀，也可能死亡。可藉由投與抗生素、點滴注射等對症療法來做治療。

沙門氏菌是人和動物的共通傳染病。在照料過刺蝟後，請仔細清洗雙手。

隱孢子蟲病是因為隱孢子原蟲的感染，有報告認為會發生在年輕刺蝟身上。也會發生*Crenosoma*（環體線蟲屬）或*Capillaria*（毛細線蟲屬）的內部寄生蟲感染。

尤其是對可以在房間中自由遊戲的刺蝟，必須注意**消化道阻塞**的問題。如果大量吃進地毯或布類的線屑、遙控器按鈕等橡膠類而無法消化的東西，堵塞在幽門（胃的出口）或腸子的話，就會發生阻塞。

會出現突然失去食慾、變得無精打采、精疲力盡等症狀。也可能會積存氣體、無法排便、嘔吐。一旦發生阻塞，在24～48小時內死亡的危險性很高，請儘速接受診察，並藉由外科手術去除堵塞物。也有可能不是東西堵住，而是發生腸子扭轉的**腸扭轉**。

發生食道炎、胃炎、胃潰瘍、腸炎、大腸炎等的**消化道發炎**時，就會變得食慾不振，體重減輕。但是並不會發生下痢或嘔吐等容易察覺的症狀。

下痢通常發生在給予乳糖未經調整的乳品等不適當的飲食、腐壞的飲食時，或是急遽變更飲食內容時。

脂肪肝是刺蝟比較常見的疾病。肥胖（153頁）是造成脂肪肝的重大原因，是由過剩的中性脂肪過度堆積在肝臟，使得正常細胞無法作用而引起。此外，因為突然的食慾不振或為了減肥而

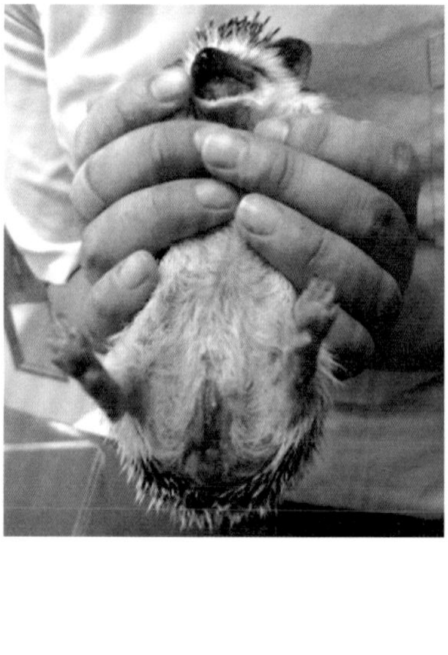

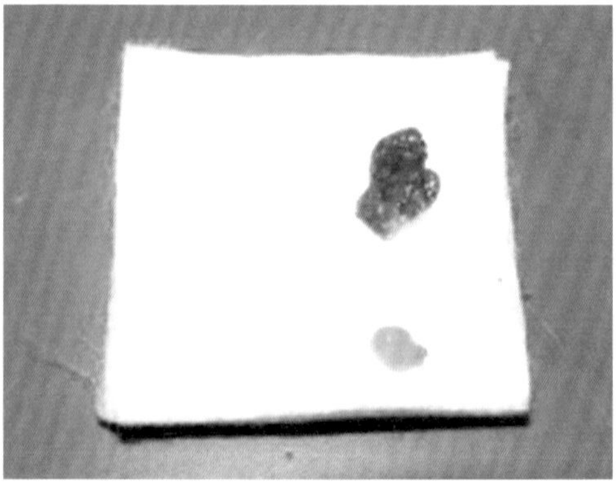

（右）可見於刺蝟的綠色糞便

（左）下痢造成的陰部皮膚炎

勉強限制飲食等，當身體處於饑餓狀態時，為了製造出不足的熱量，體內的脂肪也會聚集在肝臟，引起脂肪肝。

一旦形成脂肪肝，就會出現無精打采、缺乏食慾、黃疸（腋下或臀部較容易看出，皮膚會顯得泛黃）、下痢、肝性腦病變（肝臟未發揮機能，導致毒素排不出去，引起神經症狀）等。治療上，如果原因是因為過度的脂質，就改給予脂肪成分較少的飲食；如果是處在饑餓狀態所造成的，就以點滴注射醣類以作為熱量來源。

有報告指出，在肝臟疾病中，還有由單純疱疹病毒第一型所導致的慢性肝炎，以及多病灶（由於疾病而造成多種變化）的**肝臟壞死**。

泌尿生殖器官的疾病

刺蝟常見的泌尿生殖器官疾病……膀胱炎、尿石症、腎炎、包皮炎、子宮蓄膿症等。

膀胱炎是因為不衛生的飼養環境（尤其是廁所）或尿石症等，造成膀胱感染細菌而發炎的疾病。

尿石症是尿路（腎臟、輸尿管、膀胱、尿道）形成結石的疾病。結石是尿液中的礦物質成分凝結而成的塊狀物。因為營養不均衡等使得尿液過度傾向鹼性，或是攝取過多的礦物質時，就會形成結石。此外，如果充分飲水，有適當的排尿量的話，在結石變大之前就會被排出；但如果水分攝取量少，尿液變濃的話，就容易形成結石。也可能會由膀胱炎而引起尿石症。

一旦罹患膀胱炎或尿石症，就會出現血尿、尿量變少、頻尿、漏尿導致泌尿器官周邊髒污、排尿疼痛、缺少食慾、變

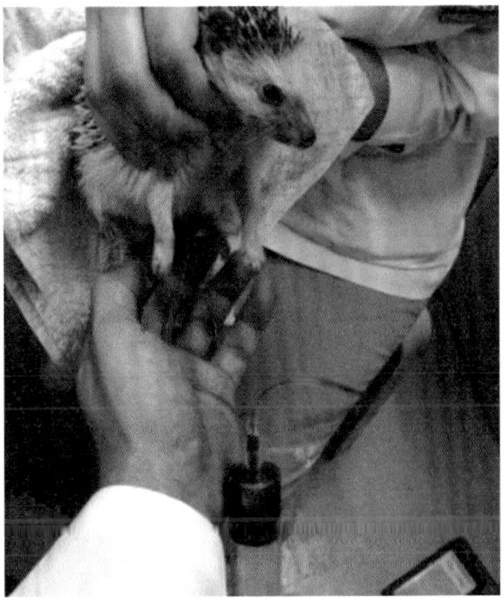

（右）血樣腹水的去除
（左）積存腹水的刺蝟

得無精打采等症狀。不管是膀胱炎還是尿石症，為了增加尿量，都要投與利尿劑或進行點滴注射。治療膀胱炎要投與抗生素，而要去除結石，有時必須施行手術。

腎炎大多是在患有感染症之類的全身性疾病時，由二次感染所引起的。上了年紀後，慢性腎衰竭的情況也會變多。當腎臟的過濾機能受到侵犯，使得代謝廢物無法排出時，大量的蛋白質就會隨著尿液一起排出，出現血尿、浮腫、沒有食慾、尿量減少等症狀。不過，腎臟疾病如果沒有相當惡化是很難察覺症狀的。可藉由血液檢查和尿液檢查來做診斷。

至於和生殖器官相關的疾病，公刺蝟經常發生**包皮炎**。這是由於地板材、便砂等夾在包皮之間所引起的發炎。如果公刺蝟頻頻做出在意陰莖的動作，就要檢查看看。

母刺蝟則有**子宮炎**和**子宮蓄膿症**等。子宮炎是子宮內發生細菌感染的疾病，因為感染而造成子宮內有膿蓄積的話，就會進展成子宮蓄膿症。出現陰道分泌物（膿或血液）、腹部腫脹、沒有食慾、變得無精打采等症狀。萬一症狀持續進行，就必須施行子宮卵巢摘除手術。

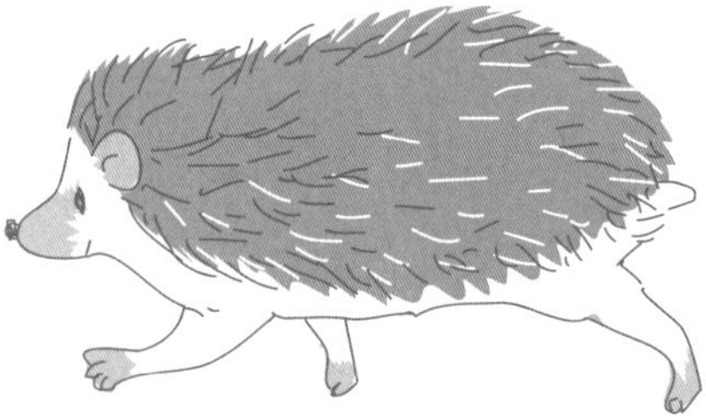

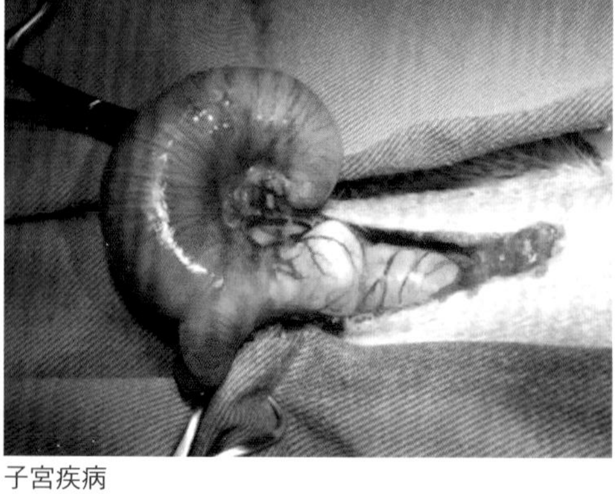

子宮疾病

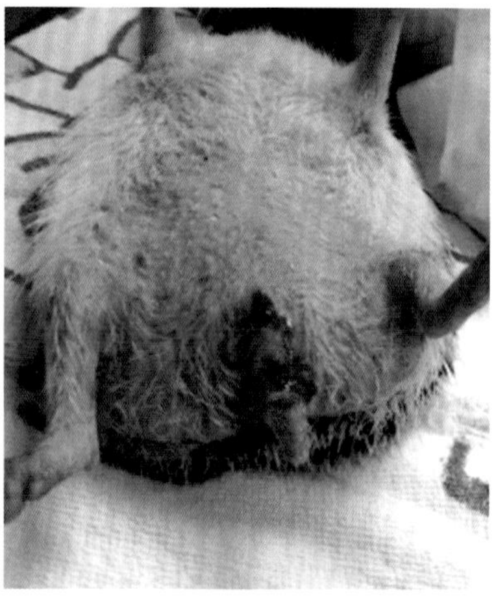

陰部的出血

皮膚的疾病

刺蝟常見的皮膚疾病……疥癬、耳疥蟲病、皮膚真菌症、過敏性皮膚炎、皮膚與皮下小結節、外耳炎、落葉型天疱瘡、裂傷等外傷、蜂窩性組織炎等

疥癬→149頁

耳疥蟲病是刺蝟常見身上的疾病，是由*Notoedres cati*（貓疥癬蟲）寄生在耳道入口的皮膚而引起的。會出現蠟狀的耳垢堆積，並伴隨著搔癢。要用顯微鏡檢查耳垢來做診斷。和疥癬一樣，必須反覆投與驅蟲藥來做治療。

皮膚真菌症是感染皮膚的黴菌所引起的疾病。刺蝟大多是感染到*Trichophyton*屬的白癬菌。最近的報告指出，在日本國內的刺蝟大多是感染到*Trichophyton mentagrophytes*（鬚癬毛癬菌）之一的*A.benhamiae*。

一旦感染，尤其是臉部周圍和耳朵就會出現圓形脫毛、皮屑、瘡痂等。耳廓可能會變得粗糙，耳緣呈鋸齒狀。大多不

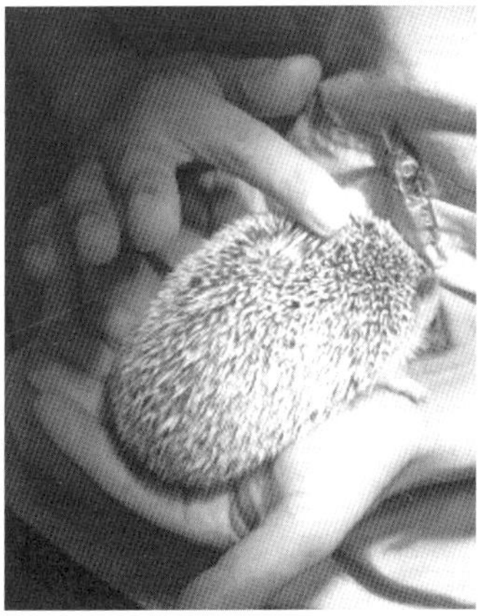
皮膚檢查中

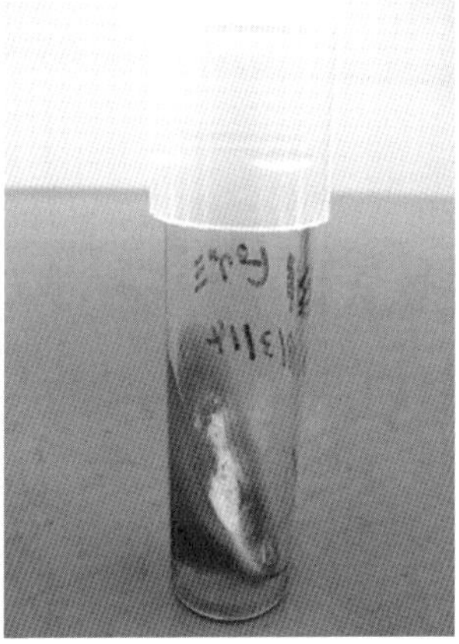
真菌的培養檢查

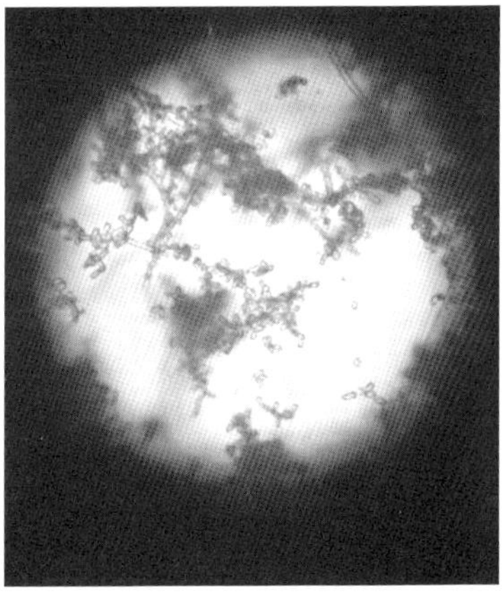
真菌的顯微鏡照片

耳緣成鋸齒狀

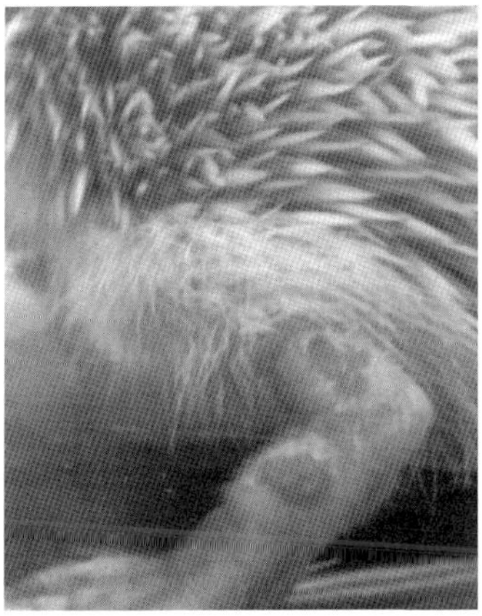
前腳的皮膚炎

皮膚的病變

會伴隨搔癢。要培養患部的被毛和皮膚來進行診斷。治療上要投與抗真菌劑和藥浴等。

皮膚真菌症是人和動物的共通傳染病。在照顧過刺蝟或和牠玩耍後，請將手清洗乾淨。

耳疥蟲病和皮膚真菌症是因為和已感染的刺蝟接觸而擴大傳染的。迎接新刺蝟時的檢疫和平常的健康檢查是很重要的。

目前已知地板材使用針葉樹木屑會引起**過敏性皮膚炎**，尤其是腹部的皮膚會變紅或搔癢。請使用其他材質的地板材吧！不過，就算材質是安全的，但潮溼不衛生的地板材，也會成為尤其是腳底的細菌性皮膚炎的原因。

另外還有**皮膚與皮下小結節**。小結節是指小而鼓起的疹子，原因有乳頭腫、膿瘤、分枝桿菌症（細菌感染症）、蠅蛆病等。要取出患部組織檢查來做診斷。

細菌或真菌感染、耳疥蟲感染等在外耳（耳廓到鼓膜）所引起的疾病，就是**外耳炎**。會出現耳內髒污、有膿狀分泌物（耳溢）、惡臭、臉和耳朵不喜歡被碰觸到等症狀。請勿自行清潔耳朵，還是到動物醫院接受診察和適當的治療吧！想要去除污垢而用棉花棒搓擦，可能會使情況更加惡化。

雖然是極少見的病例，不過也可能會發生**落葉型天疱瘡**。這是發生於全身的皮膚疾病，全身會突然形成許多小水泡，然後逐漸乾燥。一旦發病，全身的刺都會脫落，被粗糙乾澀的皮膚所覆蓋。有報告指出長期投與類固醇劑（dexamethasone）可獲得改善。

也可能因為和其他刺蝟打架被咬到而出現**裂傷等外傷**。大多數的情況都是發生在沒有刺的後腿；若是有刺的背部被咬、一定得要縫合肌肉時，必須非常謹慎注意。因為皮膚和皮肌必須各別縫合，以免妨礙刺蝟蜷曲身體；還有在蜷曲身體時，皮肌會被拉長，縫合部位也有被拉開的危險。

蜂窩性組織炎是發生在皮下組織的細菌感染症，大多數的情況是從外傷（也可能是非常小的傷）開始的。也會伴隨大範圍的紅腫、疼痛和發熱感。

＊圖中並非生病的刺蝟。

神經的疾病（症狀）

刺蝟常見的神經疾病……刺蝟搖擺症（Wobby Hedgehog Syndrome）、運動失調、斜頸、旋轉、低血鈣症等。

就寵物刺蝟來說，會成為問題疾病的其中之一就是**刺蝟搖擺症**（WHS：Wobby Hedgehog Syndrome）。這是進行性的神經疾病，會伴隨著身體的變異。

其症狀就如名稱一樣，後腳會發生運動失調（無法隨心所欲地活動身體），變得搖擺不穩，發生伴隨不全麻痺（四肢無法順利施力，感覺變得遲鈍）、肌肉萎縮的四肢麻痺，逐漸惡化。大多數的情況都是先在後腳發病，然後擴及前腳和全身；也可能只發生在身體左右任何一側。因為無法順利進食之故，所以會變得削瘦，有時就連排尿或排便都會變得困難。

大多數的情況都是在症狀出現後的18～25個月內死亡。一般在活著時無法做確定性的診斷，等死後做病理解剖，詳細檢查就可以發現，不僅脊髓有障礙，腦部和末稍神經也有受到影響。

原因為何？為什麼會出現這樣的症狀？詳細原因目前還不是很清楚。推測原因，懷疑可能是遺傳性的因素。如果父母親或兄弟姐妹中有WHS的發病個體，最好避免讓牠繁殖。

在治療上，只能採用支持療法。當症狀惡化，就會拖行身體，終究難逃癱瘓的命運。請準備柔軟、衛生的睡鋪；寒冷時期使用寵物電暖器，營造溫暖的環境。不過，即使過熱，刺蝟也無法移動，所以必須特別注意。飲食上，在牠還能自己走到餐碗前時，就要想辦法讓牠方便進食。也可以放置毛巾或墊子狀的東西支撐身體，讓刺蝟不會搖晃不穩。病情一旦惡化，就必須要強制餵食。飲水可用碟子給予或滴管等讓其飲用。睡覺時，可將捲起來的毛巾等放置在身體左右，以免身體傾倒；也可以用瓦楞紙做出身體寬度的通道，讓牠儘量能靠自己的力量走路。按摩和伸展或許可以讓病情的進行減緩，腹部按摩則可促進排便。

發病的原因既然不清楚，就沒有適合的健康食品可期待效果。但是一般認為，刺蝟的維生素E和必需胺基酸有不足的傾向，就算是其他動物，也頗推薦偶爾給予的做法。然而，因為過度攝取有極大的問題存在，所以想要給予時，還是和獸醫師商量後再實行吧！此外，神經系統有異常時，有時也會給予維生素B方面的健康食品。

況且，並非所有的搖晃或麻痺都是WHS，也有可能是低體溫、低血糖或熱量不足、脊椎損傷、腦腫瘤等其他的腦部障礙。不要立刻就認為「治不好的病也沒辦法」而放棄，請帶牠接受診察吧！

刺蝟會出現的其他神經症狀有**運動失調**、**斜頸**、**旋轉**等。運動失調大多是因為低體溫、外傷、中毒症狀、感染症、營養不足、膿瘍等。斜頸（頭部傾斜）和旋轉（以身體的傾斜為軸繞圈圈）是因為中耳炎、內耳炎或初期的神經疾病所引起的。

低血鈣症是血中鈣濃度過低的狀態持續時所引起的，會出現痙攣或亢奮等神經症狀。生產後要進行哺乳時，鈣質會隨著母乳而流失，變得缺乏鈣質。鈣質攝取不足、營養不均衡等也是原因。

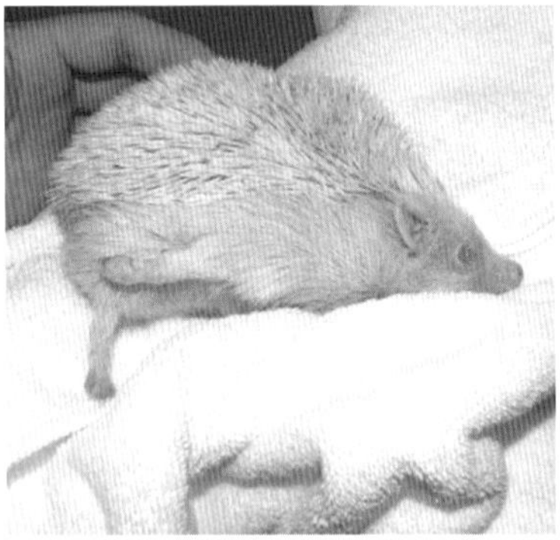

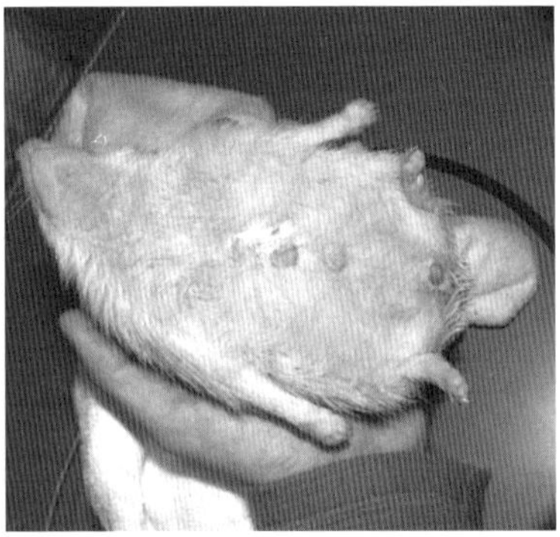

（左）前腳的麻痹（右）四肢的麻痺

肌肉骨骼的疾病

刺蝟常見的肌肉骨骼疾病……擴張性心肌症、退化性關節炎、椎間盤突出、骨折、跛行等。

擴張性心肌症是常見於寵物刺蝟的疾病。心臟肌肉被拉開，左心室和左心房的壁變薄，使得心臟內部的空間變大，結果就是從左心室送出血液的力量變弱。大多是在3歲以上才會發病。診斷上是進行X光線或心臟超音波檢查、血液檢查等。

症狀有呼吸困難、變得不活潑、體重減輕、出現腹水、心臟有雜音等。治療上是投與強心劑和利尿劑。

也可見**退化性關節炎**和**椎間盤突出**。退化性關節炎是一到高齡就很常見的疾病，症狀是關節的軟骨磨損，關節碰撞變形，出現疼痛和腫脹。椎間盤突出是脊椎的椎骨和椎骨之間的椎間盤髓核突出，壓迫到脊椎的神經。症狀是一碰觸到背部就顯得疼痛，或是拖著腳搖晃不穩。

當四肢鉤在踩腳處成梯狀的滾輪上或是籠子底網上時，可能會發生**骨折**。大多可以藉由檢視飼養環境來預防。骨折可由外側用石膏固定，或是手術後用鋼釘固定，在骨頭接合前將牠關在狹窄的飼養設備中飼養等方法。就刺蝟來說，必須做到牠蜷曲成球狀時不會偏移掉才行。

跛行（曳足而行）可能有爪子過長、腳底發生皮膚炎、關節炎等的疼痛、線頭纏在腳趾上、神經疾病等多種原因。請視需要進行治療，改善環境。

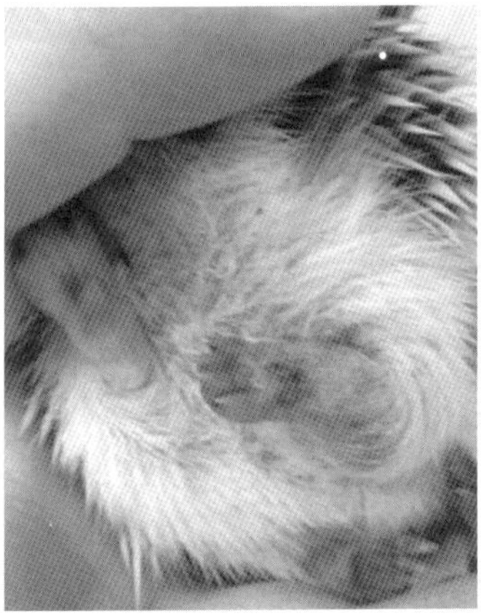
幼蝟的腳部變形

爪子過長也可能成為跛行的原因

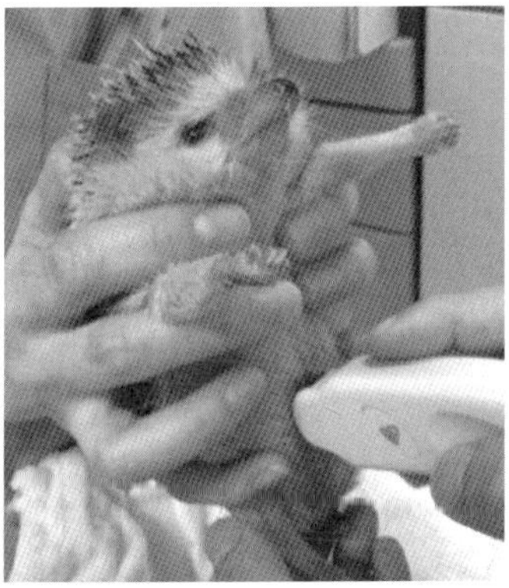
超音波檢查

麻醉導入

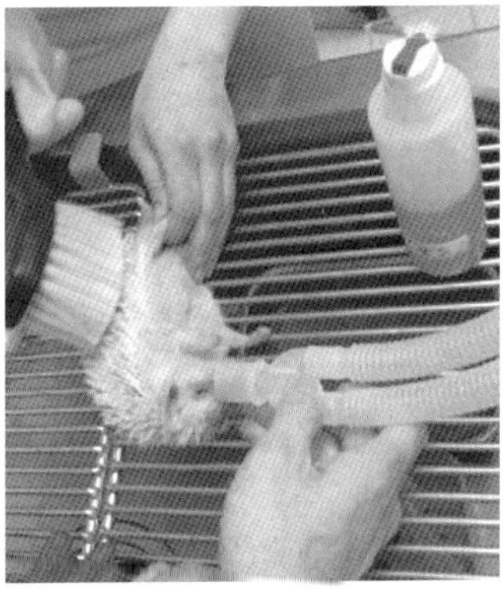
在麻醉下進行藥浴

人和動物的共通傳染病

人和脊椎動物之間可能相互傳染的疾病，稱為「人和動物的共通傳染病」。也有人獸共通傳染病、人畜共通傳染病、動物傳染病、Zoonosis等名稱。

由寄生蟲、原蟲、真菌、細菌、濾過性病毒等病原體，透過動物傳染給人或是由人傳染給動物的疾病非常多，一般認為其數量有到１５０至２００種。普遍為人所知的疾病有鼠疫、巴斯德桿菌病、鉤端螺旋體病、ＳＡＲＳ、貓抓熱、鸚鵡熱、隱孢子蟲病、胞蟲病、牛海綿狀腦病（狂牛病）等。由於自然開發等而和以前少有接觸機會的野生動物接觸、將以前未曾飼養過的動物寵物化等因素，疾病的種類預期也將會逐漸增加。

＊圖中並非生病的刺蝟。

就刺蝟來說，已知疥癬和皮膚真菌症、沙門氏菌腸炎等是人和動物的共通傳染病。在日本，因為已經有很長的一段時間沒有發生狂犬病，或許大家不認為狂犬病是我們身邊的恐怖疾病，不過在仍然有狂犬病的國外，刺蝟塗抹唾液時從嘴巴吐出的唾液泡沫，似乎有被誤解為「不是狂犬病嗎？」的情況。

只要實施適當的飼養管理，就可以充分預防來自刺蝟的疾病傳染。不需要無謂地感到害怕或是覺得髒污。

必須知道的刺蝟和人之間的共通傳染病

●必須注意的共通傳染病

以下是非常可能從刺蝟傳染的共通傳染症。由於全都是不限刺蝟才有的傳染病，因此也同樣必須注意來自貓狗或其他小動物的傳染。

■疥癬

和已感染的刺蝟接觸，或是從地板材等傳染。人一旦感染，會發生被蚊子叮到般的疹子或水泡，並有強烈的搔癢感。（↓１４９頁）

■皮膚真菌症

和已感染的刺蝟接觸，或是從地板材等傳染。人一旦感染，會出現發紅但不會隆起的疹子，以及圓形脫毛等。（↓１６１頁）

■沙門氏菌腸炎

沙門氏菌會混在糞便中。附在手指上的沙門氏菌如果藉由某種途徑進入口中就會感染。人一旦感染，就會發生腹痛或下痢。（↓１５８頁）

■隱孢子蟲病

隱孢子蟲的卵囊會混入糞便中。和沙門氏菌腸炎一樣，因為手指沾附的細菌進入口中而感染。人一感染就會發生水樣的下痢和腹痛。（↓158頁）

●其他的共通傳染病

在國外，野生捕獲的四趾刺蝟，或是實驗上報告四趾刺蝟身上可能感染的疾病有：兔熱病、Q熱、口蹄疫、克里米亞·剛果出血熱、疱疹病毒感染症等。狂犬病並不限於犬隻，所有的哺乳類都可能感染；不過就刺蝟來說，在歐洲僅有1件報告而已（該刺蝟的種類不明）。

目前，日本並未進口野生捕獲的刺蝟，只有在衛生的繁殖設備下繁殖的刺蝟才能進口，所以實際上並不需要無謂地擔心這些疾病，不過不妨作為知識來加以理解。

共通傳染病的預防

要預防來自刺蝟的傳染病絕非難事。重要的是適當的飼養管理和合乎常識的對待方式。

在這裡，是以預防刺蝟傳染給人的方法為主來加以說明，但也要考慮到人也是會傳染給刺蝟的（直接、間接）。從外面回來後，要充分洗手才和刺蝟接觸；碰觸過檢疫中的刺蝟或生病的刺蝟後，也要充分洗手再接觸其他的刺蝟；萬一自己有某種傳染病發病時也要小心地對待（並沒有報告顯示人會將感冒傳染給刺蝟）等等，這些事項都要請各位多加留意。

●迎進刺蝟時

☑從合乎衛生的寵物店迎進健康的個體吧！

☑迎進第2隻以後的刺蝟時，請設定檢疫期間（106頁）。

●每天的飼養管理

☑施行適當的飼養管理，使刺蝟能常保健康。

☑經常打掃，保持衛生的環境。

☑放刺蝟出來房間時，可能會隨地大小便，外部寄生蟲也可能掉落在地板上，或是以地毯等鋪墊物為媒介而感染到皮膚真菌症。不只是飼養設備，讓刺蝟玩耍的房間也要仔細清掃。

☑定期健康檢查，以求早期發現、早期治療。

☑一旦發現疾病，請迅速治療。

＊圖中並非生病的刺蝟。

●飼養管理上的注意點

- ☑照顧或遊戲後，請使用藥用肥皂仔細地洗手、漱口。
- ☑請不要做親吻，或是用嘴巴給予食物之類過於親密的直接接觸。
- ☑不要和刺蝟一邊玩一邊吃東西。
- ☑讓牠充分馴服於人，以免突然咬人。

●飼主的健康管理

- ☑免疫力一降低，就容易感染疾病。確實做好自己的健康管理，以提高免疫力。
- ☑高齡者或幼兒、正在治療疾病時，因為免疫力低下，請特別注意。
- ☑手上有傷口時，請用ＯＫ蹦等封閉傷口後再進行照顧。
- ☑萬一被刺蝟咬了，請用流水充分洗淨傷口後做消毒，以防二次性感染。

覺得可疑時

人的身體不舒服，接受診察時，必須考慮可能是被刺蝟傳染的。如果不告訴醫生「家裡有養動物」這件事，可能會發生無法究明原因，在治療上花費更多時間的情形。

或許醫師會要求你不要飼養動物，不過，只要不是非常嚴重的傳染病，或許就不用捨棄動物，而能繼續飼養下去。確認是否真的是由動物傳染也是必須的。請和家庭獸醫師好好商量，考慮對人和刺蝟雙方都好的方法吧！

對刺蝟的過敏

動物的皮屑或尿液、唾液等，可能會成為過敏的原因（過敏原）。狗、貓、兔子和虎皮鸚鵡等小動物，可以在飼養前做過敏原的檢查。雖然刺蝟也可能成為過敏原，卻無法事前檢查。如果開始飼養刺蝟後就出現過敏症狀，請注意將人生活的房間和刺蝟的房間分開，照顧時要穿戴手套、口罩、護目鏡，或是準備和刺蝟接近時專用的服裝，使用空氣清淨機，照顧後仔細洗手、漱口，確實清掃飼養設備和遊戲場所等等。過敏症狀如果嚴重的話，一定要接受醫師的診察。

皮膚過敏的人，或是本來就有某種過敏症的人，有些在碰觸到刺蝟的刺之後，可能會出現短暫性的搔癢、類似蕁麻疹的症狀；也有些可能會對刺蝟塗抹唾液時沾附在刺上的唾液過敏。像這樣的人，請一定要戴上手套後再和刺蝟接觸。

刺蝟的看護

刺蝟生病時，為了希望牠能早點痊癒，或是希望病情不要惡化，在良好的環境下看護是很重要的。請一方面仔細觀察疾病的進展，向醫師報告，或是與其討論不安的事項等等，同時也整頓成更佳的看護環境吧！

●環境整頓

☑生病時「安靜」是最重要的，不管是對人還是刺蝟都一樣。請讓牠在安靜的環境中平穩地度過。如果顯出體力相當耗損的樣子，請在飼養設備上覆蓋罩布，保持微暗。

☑強大的壓力會使得免疫力降低。尤其是對還不習慣的個體，請避免因為擔心而過度逗弄牠。

☑過冷或過熱的環境都會消耗刺蝟的體力。請充分注意溫度管理（118頁）。

☑當刺蝟身體不適到無法走動時，或是如WHS（163頁）般發生麻痺時等，使用寵物電暖器可能會發生低溫燙傷。注意不可讓刺蝟直接睡在電暖器上面，而是要厚厚地鋪上一層刷毛再布等讓牠睡。

☑骨折時，要限制刺蝟的行動，以免牠過度活動，好讓患部的骨頭儘快接合。放入狹窄的飼養設備中，拆除滾輪，直到牠痊癒為止。

☑有時會因為肺炎等呼吸器官的疾病而變得呼吸困難。和醫師商量，如果有必要，請準備氧氣室。要在家庭中簡單地準備時，可用塑膠布覆蓋在水族箱等的上部，在四個角的任何一角開個攜帶型氧氣瓶的噴嘴插入洞口，送入氧氣。相對側的角落也要開幾個小洞，好讓氧氣遍及整個空間。氧氣濃度過濃也不好，所以請觀察情況地進行。也可以租借小動物用的ICU。

●衛生管理

☑有外傷時，為了避免細菌感染，需注意環境的衛生。為了防止細菌增殖，請避免高溫多濕的環境。

☑因為排尿困難而發生漏尿，或是下痢時，請經常更換地板材，避免睡鋪潮濕。

☑臀部因為漏尿或下痢而髒污時，放著不管可能會引起皮膚炎等。請幫牠清理乾淨。不過，在體力消耗時清洗，若是讓身體著涼了反而不好。請在糞便完全黏著前，用擰乾的溫濕毛巾擦拭掉。

●給予飲食

☑沒有食慾時，給予量少但有高熱量的食物，有助於體力的恢復。患有牙周病等牙齒和口腔的疾病時，必須準備柔軟容易吃的食物。

☑可給予將乾糧研磨到極細，再用寵物奶或溫水溶化的食物，或是貓狗用的高熱量腸道營養食物等。

☑沒有辦法自行進食時，必須強制餵食。使用沒有針的注射器（可在動物醫院購得）來進行。給予濃度較稠的東西時，可視需要將注射器的末端剪掉。如果顯得粗糙不光滑，可用打火機的火烘烤末端，讓它變得光滑。

☑強制餵食時，要用毛巾包裹刺蝟的身體以限制其動作，將注射器的內容物一點一點地放入口中，等待牠自行吞下。請非常小心地進行，以免刺蝟嗆到。

☑讓牠攝取水分是非常重要的。無法自行飲用時，請用沒有針的注射器適當地給予。好像處於脫水狀態時，比起讓牠喝水，到動物醫院打點滴更有效果。

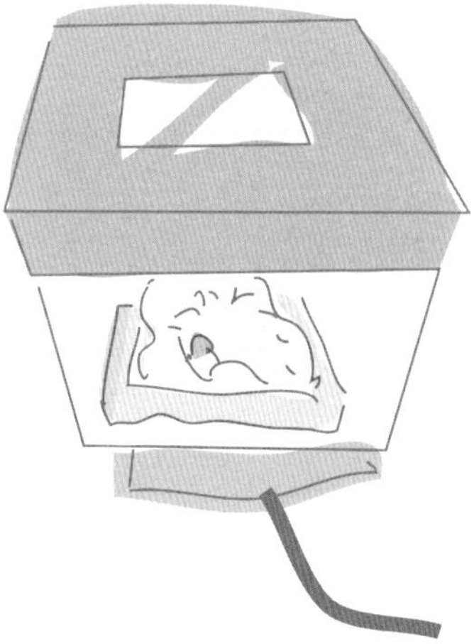

給藥的方法

獸醫師開立的處方為必須藥品的有效量，請讓牠全部服下。如果對處方內容有疑問或不安，一定要詢問醫師，請勿擅自判斷地投藥，或是增加服用量。

此外，刺蝟是否能順利投藥，和馴服程度有很大的關係。萬一牠將身體蜷曲成球狀，飼主就一點辦法也沒有了，而且勉強投藥也可能讓牠變得對人恐懼。請和醫師好好商量投藥的方法，採用適合該刺蝟的方法。

投藥後請給予牠喜歡的東西，讓牠安靜地休息。

●口服藥

錠劑可用藥丸粉碎器、研缽等研磨成粉末狀，摻混在嗜口性高的柔軟食物中給予。

讓刺蝟服用液體藥物時，請一點一點地放入口中；如果是刺蝟不喜歡的味道，就如同藥粉一樣，混在食物中給予。無論如何都不肯服藥時，不妨和醫師商量看看是否可以用注射投藥。雖然上動物醫院的次數可能會增加，但如果是注射的話，就算刺蝟把自己蜷曲成球狀還是可以進行的。

●塗藥、點眼藥

如果刺蝟已經馴服了，就輕輕地按住身體；如果尚未馴服，就在牠吃喜歡的東西時塗藥或是點眼藥。無論如何都不願意時，就如前述般，找醫師商量看看是否有其他的方法。

塗藥時，如果是刺蝟多少舔到了也無害的藥物，就在塗抹後，用乾面紙等將多餘的藥擦拭掉。如果塗藥後會一直舔舐患部，或是稍微舔到也有危害的藥物，就要採取其他的投藥方法。

＊圖中並非生病的刺蝟。

和高齡刺蝟的生活

儘管有個體差異，不過一到高齡，身體的各種機能就會逐漸出現衰退。發生這樣的變化對生物來說是無可避免的。不過，知道會有怎樣的變化並加以注意，還是可能延遲衰老的速度，拉長健康生活的時間。大致上，刺蝟到了3～4歲左右，就可以認定即將邁入高齡期了。

●身體的變化

- ☑五感慢慢衰退。要碰觸刺蝟時，如果不先讓牠感覺到你的存在，可能會驚嚇到牠。
- ☑變得容易罹患老齡性白內障、腫瘤、心肌症、腎臟病、牙周病等疾病。
- ☑吃硬物變得困難。請確認食慾和體重，如果漸漸瘦下來，就必須給予更容易食用的東西，或是即使量少但營養價值仍高的東西。
- ☑由於運動量減少，體重反而可能增加。這個時候，不要減少飲食的總量，而是要給予低熱量的東西。
- ☑自己理毛的頻率減少，被毛糾結或髒污。
- ☑免疫力衰退，變得容易感染疾病，難以治癒。
- ☑由於骨質減少，骨骼變得脆弱。
- ☑變得不易維持恆定性（體溫調節、荷爾蒙分泌、自律神經等），難以跟上溫度變化（容易陷入冬眠狀態、容易中暑），身體狀況容易崩壞。
- ☑運動能力衰退。使用滾輪的時間減少，或是年輕時不以為意的爬上爬下變得有困難。睡覺時間也變多。

＊圖中並非生病的刺蝟。

●高齡刺蝟的照護

■飼主的心理準備：刺蝟上了年紀後，飼主以平穩的心情來對待牠是非常重要的。因為變得無法好好上廁所，會把四處弄髒，或許會增加清掃的工夫，或是必須多花時間在飲食的準備上，不過那也是因為刺蝟長壽的關係。希望飼主能以此為喜悅，沉穩地對待牠。

■安穩的環境：對高齡的刺蝟來說，安穩的生活是必需的。請避免激烈的環境變化、不適當的溫度或劇烈的溫度變化、噪音、漠視刺蝟馴熟程度的對待方式等會造成壓力的情況，營造舒適的環境。外觀不同的食物、新玩具等或許會是良好的刺激，不過進行時還是要用心觀察刺蝟的樣子。

■適當的飲食：如前述般，既有變瘦的個體，也有肥胖的個體。請仔細觀察食慾和體重、體格來考慮飲食內容。更換成其他食物時，請少量少量地做更換。直接給予乾糧時，請將它泡脹後再給予，以方便食用，或是藉由給予生餌和其他的動物性食物來促進食慾（要注意過度給予的問題！）等，像這樣多下一點工夫吧！

■健康管理：定期健康診斷的次數從一年1次改為半年1次，平日就要仔細觀察，以免忽略了老化的徵兆，像這樣努力地掌握刺蝟的健康狀態。

　如果發現疾病，請在和醫師充分商量後，考慮對該個體而言最好的治療方針。視年齡和狀況，不只有積極治療的方法，也有將著重點放在提高每天的生活品質的選項。

＊圖中並非生病的刺蝟。

刺蝟的緊急治療

當刺蝟受傷或是突然不舒服時，請儘快帶到動物醫院。因為身體小，所以惡化得很快，沒有觀察情況的多餘時間。

真的沒有辦法立刻帶到醫院時，請施行緊急治療。可能的話，向平常看診的醫師詢問，並遵從醫師的指示。

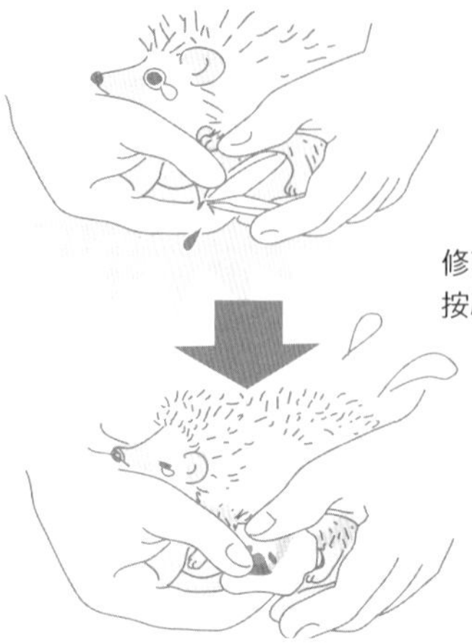

修剪趾甲的出血，要採用按壓患部的壓迫止血。

●趾甲剪得過深的出血

趾甲剪入過深而傷到血管，或是爪子鉤到絨毯等時，可能會造成出血。請用清潔的紗布按在患部，進行壓迫止血（稍微用力地按壓傷口）。市面上也有販售趾甲剪入過深出血時使用的貓狗用止血劑，但如果採用壓迫止血能夠將血止住的話，就不會有問題。請注意衛生的環境，以免患部感染細菌。

●外傷

因為小傷口而少量出血時，請用清潔的紗布做壓迫止血；患部髒污時，要先洗淨後再做壓迫止血。請注意衛生的環境，以免患部感染細菌。

傷口大而出血多的情況，可能必須做縫合患部等處置。請洗淨患部，施行壓迫止血，並放入狹窄的塑膠盒中，限制刺蝟的行動，然後儘速帶到動物醫院。壓迫止血的紗布如果已經被血浸濕，請更換成新的紗布。

懷疑可能骨折時，請儘速接受診察。在家中，必須某種程度地限制刺蝟的行動。在沒有高低差的平面中，於大小足夠輕易改變身體方向的飼養設備中保持安靜。要帶到醫院時，請在狹窄的提籃中裝入皺皺的報紙，讓刺蝟能夠因為身體接觸到物體而感到安心。

四肢輕度骨折時，有時會自然痊癒（骨骼未必會筆直接合），但若是脊椎或內臟受損，就必須儘快接受診察。如果覺得不對勁的話，請立刻帶往動物醫院診察。

●低體溫

冬天在低於20℃的室溫中，如果刺蝟的動作變得遲鈍，就有可能是發生了低體溫。請迅速溫暖刺蝟所在的場所。為了讓體溫平穩地上升，可在寵物電暖器上面鋪上厚厚的刷毛布或地板材，溫暖刺蝟的身體。如果刺蝟還是無法恢復活力，請帶往動物醫院。

刺蝟是怕冷的動物，必須要有適當的溫度管理才行（118頁）。

●中暑

當刺蝟在悶熱的室內顯得精疲力盡時，可能是體溫調節機能無法作用而發生了中暑。會出現呼吸急促、末稍血管充血、體溫高、口水多的症狀；嚴重的話，會出現痙攣或發紺，甚至死亡。

請儘速讓體溫下降。將刺蝟移到涼爽的場所，以裝有冰冷濕毛巾的塑膠袋包覆身體，讓身體冷卻。體溫一開始下降，就會急速下降，所以請不要過度冷卻。也有在鼠蹊部或腋下（因為有大血管流經，可以有效率地冷卻全身）噴灑酒精，利用氣化熱來降低體溫的方法。

就算刺蝟恢復了活力，有時還是得打點滴，所以還是接受診察吧！

請實施適當的抗暑對策（118頁），以免中暑。肥胖、懷孕中、高齡、有呼吸器官或心臟疾病時、有壓力時，發病的風險也會提高，請特別注意。

●下痢或嘔吐

下痢時，如果室溫較低，就用寵物電暖器等來加溫；為了改善脫水症狀，要將身體容易吸收的離子飲料稀釋（常溫），用無針的注射器或滴管，一點一點地給予，注意不要讓牠嗆到了。請不要給予食物。嚴重的下痢會一下子就耗盡體力，所以請儘速帶牠接受診察。可以用小容器裝糞便前往，以便進行糞便檢查。

要確認是否脫水，可捏住幾根背上的刺稍微拉一下，判斷皮膚是否立刻恢復原狀。如果脫水了，恢復上就會花費較多的時間。

雖然不是經常發生，不過刺蝟有時候會嘔吐。請將嘔吐物裝入容器中，和刺蝟一起帶到醫院。剛剛嘔吐過時，請不要讓牠飲水。

下痢和嘔吐物必須要儘快接受檢查。請保管於涼爽的場所，在2～6個小時以內進行檢查，才能做出正確的判斷。請放進厚夾鏈袋中，放在用毛巾包裹起來的保冷劑附近。不可讓它結凍。

處理下痢或嘔吐物時，請使用拋棄式手套，並於作業後充分洗手。

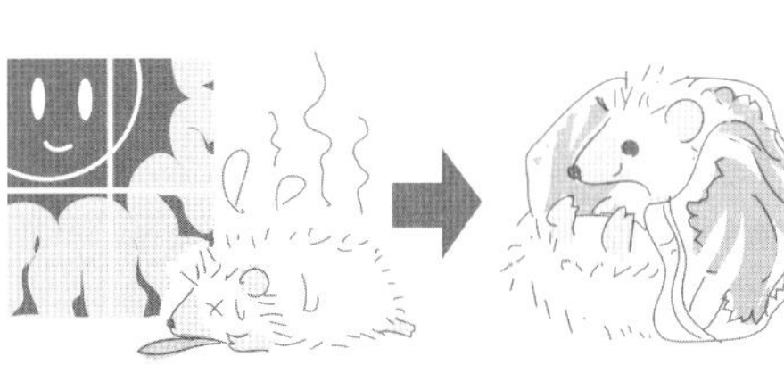

中暑時要冷卻身體，但要注意避免過度冰冷。

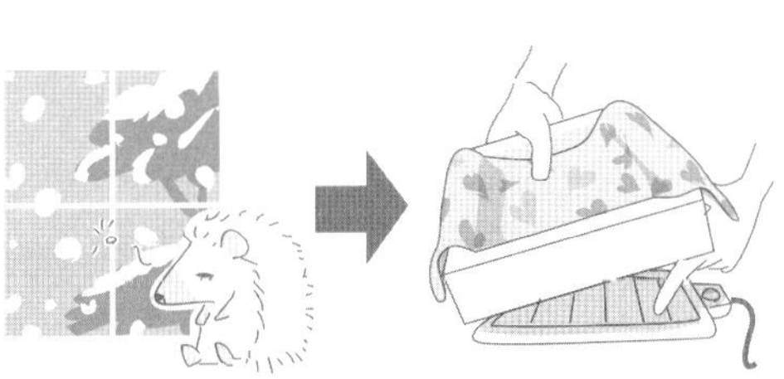

氣溫過低會導致低體溫。以和緩的溫度來溫暖身體。

●休克

當原本健康的刺蝟，突然顯得精疲力盡、意識不清時，應該是因為某些原因而發生了休克狀態。原因可能是心臟病發作、肝臟或腎臟疾病、腸阻塞，或是神經疾病、骨折等外傷之類。必須儘早接受診察。

請在小塑膠盒底部鋪上毛巾或刷毛布，讓刺蝟靜靜地躺著。寒冷時期或是刺蝟的體溫下降時，請從塑膠盒外側用懷爐或暖暖包溫熱，保持安靜地迅速帶到醫院。

刺蝟的急救箱

為了避免緊急時慌張失措，請先準備好急救箱會比較安心。在此介紹內容的一例。

■小塑膠盒（比刺蝟的身體稍大的塑膠盒。要讓牠保持安靜或是帶到醫院時使用）
■毛巾（強制餵食時等包裹身體用）
■沒有針的注射器（強制餵食用約30cc，投藥用約1cc）
■滅菌紗布、脫脂棉花、棉花棒（末端圓的和尖的）
■紙膠帶、布膠帶
■濕毛巾
■拋棄式手套
■鑷子、夾子、剪刀（末端呈圓形的小剪刀）
※關於常備藥，請和家庭獸醫師商量。

和刺蝟道別

和刺蝟道別的日子，總有一天必定會來臨。雖然非常悲傷，卻不得不接受，這也是莫可奈何的事。等那個時候來臨，希望飼主能抱持感謝的心情，對帶給我們幸福的牠們說出「謝謝」這句話。

●為了連結未來

關於刺蝟的疾病，目前還有很多不明瞭的事。疾病的原因和經過、死因等，你的刺蝟所留下來的知識，或許可以拯救其他的刺蝟。為了讓你家刺蝟的生命連結到未來，希望你能向家庭獸醫師報告；如果可以的話，不妨藉由病理解剖以了解詳細的死因，獲得貴重的資料。

等到有一天能夠以笑容想起和刺蝟生活的每一天時，希望你能將和刺蝟生活的快樂、飼養管理上的成功和失敗、和疾病奮鬥的經驗等等，傳給接下來的飼主們。

●告別的方法

埋葬的方法，有埋葬在自家庭院（埋葬在公共場所或他人私有地是違法的）、利用寵物墓園（僅火葬、火葬和納骨等）、利用動物防疫所的服務等各種方法。不管採取哪一種方法，最重要的還是誠心與否。請選擇你自己可以接受的方法。

最美麗的刺蝟是哪位!? 刺蝟展

不論外表如何，自家的孩子一定是最美麗的。因此，在美國有舉辦比賽美麗的外觀和氣質的刺蝟品評會「刺蝟展」。 在日本，雖然有狗展或貓展、兔子展、鳥的品評會等，不過目前似乎還沒有刺蝟展。

在展場中，刺蝟會依年齡、性別、顏色類型等分成幾個等級來進行審查。分級的基準依展場而異，例如年齡以「出生後3～11個月」、「11個月以上」等區分，顏色型態以「標準色」、「白色」、「白化」、「焦點」、「其他顏色」等區分。經過審查，將各種顏色的公刺蝟、母刺蝟各自的順位、各年齡和性別（年輕的公刺蝟、成熟的母刺蝟等）等順位排出來後，選出所有出場的刺蝟中的第一名。

評分的基準和評分的重點都是事先就決定好的。例如像眼睛「大而明亮、兩眼分開（2分）」，刺「覆蓋整個背部，密生（10分）」等等。

進行裁判時，不只要外觀美麗，適當的體格、健康，還有不可忽略的性格，都會成為重要的評分基準，在前述的基準中，性格的分數高達33分。也就是說，裁判拿起刺蝟，不管是要查看還是碰觸刺蝟的身體任何部位，刺蝟都必須要能放鬆不蜷曲成球狀。看來當刺蝟也真是不容易呢！

在這樣的日子裡，刺蝟愛好者會從各地聚集而來，不只是來參加或看秀，也可以享受和刺蝟遊戲的樂趣，或是在以刺蝟用品及刺蝟為主題的商店中購物，盡情享受被刺蝟包圍的樂趣。

第 9 章

刺蝟的文化史

chapter 9

...Culture history of hedgehogs

古今東西說刺蝟

名字的由來是「樹籬的豬」

刺蝟的英文叫做「hedgehog」。「hedge」是「樹籬」，「hog」是「豬」。也就是在家家戶戶的樹籬下建造睡鋪，會沿著樹籬走動、嘴臉像豬的生物。

至於牠被誤解為老鼠同類的原因之一，是來自於「針鼠（日文）」這個名字。牠有如老鼠般的外貌雖然是這個名字的由來，不過牠和囓齒目的老鼠當然是完全不同的動物。

刺蝟的形象

就像狐狸代表狡猾，老鼠代表五穀豐收等等，大多數的動物都擁有各自的形象，或是會成為某種象徵。在刺蝟棲息的國家，牠們又被賦予怎樣的形象呢？

很久以前也曾出現在中亞神話中，布里亞特族認為刺蝟是「火的創造者」。此外，他們也被看作是農業的創造者、守護者等，一般認為在非基督教文化圈中，似乎擁有強烈的良好形象。

不過到了中世，在基督教的影響下，因為有傳說（後述）牠們會在刺上穿刺許多水果返回巢中，而將刺蝟化做了慾望強烈又吝嗇、貪吃又粗暴的象徵。不過，因為牠們又有立刻能把身體蜷曲起來保護自己、將水果刺在刺上搬運的舉動，所以也給人迅速敏捷敏的印象；而從牠豎起刺來進行威嚇這一點，也被認為是個性急躁的。除此之外，還有自我防衛、水果賊和無賴漢，以及從牠蜷曲的姿勢而來的太陽的象徵、與魔女和惡魔之間有關係等等，刺蝟身上有著人們所賦予牠的各種不同的形象。

古代的刺蝟

紀元前，古希臘哲學家亞里斯多德的《動物誌》中，也有刺蝟的登場。

在那個時候，身體被刺所覆蓋的生物總稱為echinus，刺蝟是陸產的echinus，海膽則是海產的echinus。根據亞里斯多德的記載，刺蝟的刺並不是刺，而必須視為毛的一種，是近似爪子的東西，並不像海膽的棘刺般具有能夠作為腳的功能（實際上，海膽是利用棘刺以及從棘刺中伸出的、被稱為管足的器官來進行移動的）。的確，刺蝟的刺和爪子一樣是由角質所構成的，所以亞里斯多德的說明是非常正確的答案。不過在刺蝟的交尾上，書中寫到牠們是用後腳站立、互相對著腹部進行的，這或許是他沒有實際觀察過刺蝟交尾的情形吧！

水果的運送方法

刺蝟的刺會用在什麼地方呢？古代人們的想像力非常豐富。

在古羅馬的博物學家老蒲林尼的《博物誌》中，記載著刺蝟為了準備過冬，會在掉落的水果上面翻滾，將水果扎在刺上，嘴巴也啣著一個地搬回巢裡。這大概是因為他剛好看到了刺上勾著水果的刺蝟吧！

因為這個受到誤解的行動，使得在中世和文藝復興時期的歐洲，刺蝟都被視為是掠奪人們靈魂和信仰心的惡魔，或是被當作貪心的象徵。

捕捉刺蝟的時機

刺蝟一將身體蜷曲成球狀，就拿牠沒辦法了。據說，只要企圖謀取牠們皮毛的獵人一靠近，刺蝟自知逃不掉時，就會在自己身上撒尿；一旦撒到尿，皮膚就會腐敗，刺也會壞掉。老蒲林尼在《博物誌》中寫到，刺蝟之所以會採取這樣的行動，是因為牠知道獵人的目的。所以如果要捉牠的話，等牠撒尿過後應該是最適當的時機。

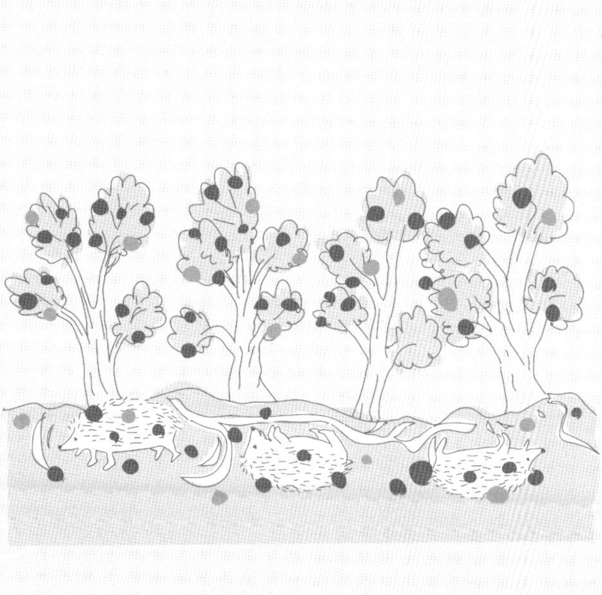

預報天氣的刺蝟

在亞里斯多德的《動物誌》中寫到了人們所觀察到的一件事：當北風和南風一交替，住在地底的刺蝟就會改變洞穴的形狀，而飼養在家中的刺蝟就會往牆壁方向移動。聽說在土耳其的伊斯坦堡，還有人會注意刺蝟的這種行為來預言天氣。在《博物誌》中也寫到，依據刺蝟縮進自己的巢穴，就可以預言北風要改為南風了。擁有冬眠和繁殖等與氣候相關習性的動物們的行為，也可以說是季節的記號吧！

只不過，不管是在《動物誌》還是《博物誌》中，都沒有提及塗抹唾液這種習性的記述。如果作者曾經看過刺蝟塗抹唾液的話，不知道又會認為牠們是基於什麼原因才會那樣做的呢？

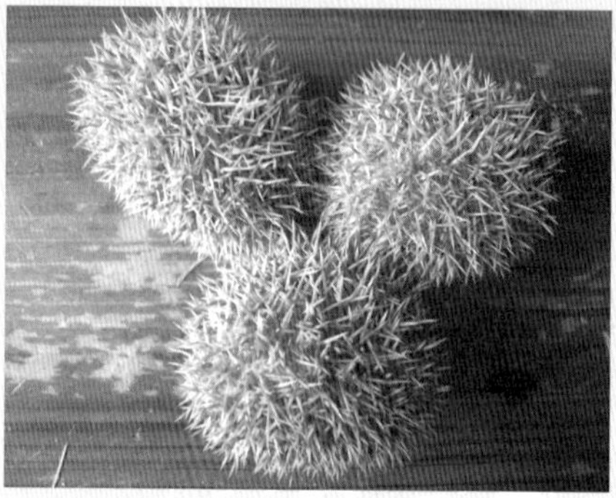

告知春天的刺蝟

說到告知氣候的變化，當然不能忘記「刺蝟節」了。在電視或報紙的國外消息中，不是都會有身穿禮服的紳士們觀看土撥鼠從巢穴（模仿做成樹幹殘株的巢箱）中出來的情景嗎？這就是「土撥鼠節」，是在每年的2月2日（基督教的聖燭節）於美國賓夕法尼亞州等各地所舉行的天氣預測活動。冬眠的土撥鼠在這一天從巢穴中出來，如果牠沒有看到自己的影子，願意出來的話，就代表春天快到了；如果牠看到自己的影子，大吃一驚又回到巢穴中的話，就表示春天還要等6個禮拜後才會來到。

其實這種天氣預側，本來在古代歐洲是用刺蝟（西歐刺蝟）來進行的。所以2月2日就是「刺蝟節」。移民到美國的歐洲人們，在美國也繼續沿用這種天氣預測的活動，但由於美洲大陸並沒有刺蝟居住，所以就選上了同樣有著冬眠習性的土撥鼠。如果有機會在國外新聞中看到「土撥鼠節」的消息的話，不妨也想起刺蝟吧！

諺語中的刺蝟

很多諺語中都有動物上場。在刺蝟棲息的國家，也有和刺蝟相關的諺語。

……**刺蝟覺得自己孩子的刺是柔軟的**（朝鮮半島）

……**黑烏鴉覺得自己的孩子是白的，帶刺的刺蝟認為自己的孩子是鬆軟的**（西伯利亞．布里亞特族）

在父母親的偏愛下，自己的孩子不管怎麼看都是最好的，意指溺愛的父母親。後者的諺語在維吾爾族和哈薩克族中也有使用。只是，刺蝟的刺如果柔軟的話就無法保護身體，所以從刺蝟的立場來看，應該是堅硬的刺才能引以為傲吧！

……**得不到豪豬，刺蝟湊合著**（布吉納法索）

動動腦筋總會有辦法的意思。在布吉納法索，有非洲冕豪豬及四趾刺蝟棲息著，這是兩者都有的地方所衍生出的獨特諺語。話雖如此，兩者的身體大小和刺的長度都不相同，或許得費一番工夫吧！

……**度過刺蝟的夜晚**（阿拉伯古典）

這是指整夜都在做些什麼事，或是夜不成眠時的說法。或許是因為人們常看見刺蝟為了找東西吃而到處趴趴走的身影吧！

謎語的刺蝟

雖然有點突然，但大家一起來猜些謎題吧！

……**灰色球，滿嘴牙，是什麼？**（愛沙尼亞）

……**不做針黹工作，卻隨身帶著針的東西，是什麼？**（波蘭）

……**帶著千支槍，慢吞吞走過街道的東西是什麼？**（羅馬尼亞）

答案全都一樣，當然是刺蝟了。目前，愛沙尼亞是西歐刺蝟的棲息地，波蘭和羅馬尼亞則是東歐刺蝟的棲息地。順便提及的是，刺蝟的牙齒共有36顆，人類只有28顆（含智齒有32顆），的確是滿嘴牙呢！

刺蝟的使用方法

刺蝟有時也會被人拿來使用。首先介紹的是板球。

……為了追趕白色兔子而跌進兔子洞的愛麗絲。在那個奇妙的世界中，她的身體一下子變小，一下子變大，又遇見了許多在她的淚池裡渾身濕透的動物們和咧著嘴笑的柴郡貓，各式各樣的事件都發生在愛麗絲身上。

在那樣不可思議的國度裡，愛麗絲遇到了口頭禪是「給我砍掉他的頭！」的紅心女王，跟她一起打板球。在盡是田壟和田埂的板球場上，球板是活生生的紅鶴，而板球則是活生生的刺蝟。在她想辦法要用紅鶴球板打刺蝟球時，刺蝟一定歪著脖子，露出為難的表情，讓愛麗絲忍不住笑出來；好不容易讓牠低下頭，想要再打時，這次刺蝟卻將蜷曲的身體展開來，想

要爬出去。刺蝟就是刺蝟，在和別的刺蝟打架過後，就不知跑到哪裡去了，引起一陣大騷動。（取自《愛麗絲夢遊仙境》）

當然，這是故事中的內容罷了。在事實上，古希臘羅馬人曾經將刺蝟帶刺的皮用於讓布起毛的用途上；也曾有人相信將刺蝟皮掛在葡萄樹上可以避開冰雹。

此外，刺蝟也曾被拿來作為藥用。在中國，認為刺蝟皮是治療痔瘡和腹痛的藥；燒成灰吹進鼻孔裡還可以止鼻血。聽說也傳進了日本，作為痔瘡的處方藥。

轉載自《Tenniel Illustrations for Alice in Wonderland》by Sir John Tenniel The Project Gutenberg™的HP畫像http://www.gutenberg.org/

傳入日本的刺蝟

在此要介紹一個在江戶時代，介紹刺蝟給日本民眾認識的事例。１７１２年出版的《和漢三才圖會》中記載，刺蝟被當做是「鼠類」的一種。

……名稱是「猬」。根據《本草綱目》（中國的博物學書）記載，牠的頭和嘴巴像老鼠，刺像豪豬，蜷曲起來的形狀就像芡實的閉鎖花（不開花受精的花）或是栗子的刺殼。這時，刺是叢生朝外豎立的，但只要撒尿就會張開。刺的末端分開兩頭的稱為「猬」，刺的末端有如針般的則稱為「蝝」。只要一被人碰到，就會將頭和腳隱藏在刺中，讓人無法拿在手上。據說只要老虎來了，就會跳進牠的耳中，以此壓制老虎。還有，一看到鵲就會仰躺露出腹部，按住鵲的鳥嘴（因為牠討厭鵲的叫聲）。就像這樣，動物們互相壓制。將刺蝟的油脂溶於鐵中再加入水銀，就會變得像鉛或錫般柔軟。（取自《和漢三才圖會》）

刺蝟的故事

刺蝟和野豬

刺蝟和野豬一起開墾田地。當春天種植的洋蔥收成時，刺蝟提議：「為了避免日後吵架，先來決定怎麼分吧！你想要地面以上的部分？還是地面以下的部分？」野豬選擇了地面以上的部分，也就是牠獲得了洋蔥的葉子，而刺蝟則得到了洋蔥。當野豬發牢騷嫌牠狡猾時，刺蝟就回答說：「那不是你自己選的嗎？」過了一段時間後，冬天耕作的小麥田裡的小麥結實了。因為洋蔥這件事而吃到苦頭的野豬說：「我要地面以下的部分。」結果牠拿到的全是小麥的根。

第二年，除了洋蔥和小麥之外，還種了蕪菁。分配收成的時候又來了。刺蝟煽動地對野豬說：「去年你責怪我狡猾，今年就來比力氣決勝負吧！你的力氣應該比我大吧？」於是刺蝟和野豬決定以不使用武器的格鬥來分配收穫物，還找來了獅子、胡狼，以及刺蝟和野豬的各一個兄弟作為證人。

野豬全力朝著刺蝟猛撲過去，正想用鼻子一口氣撞翻刺蝟的時候，刺蝟卻馬上豎起刺來。「這樣不公平！你根本就拿著刀吧！」野豬嚷叫著，不過證人全都異口同聲地說：「刺蝟沒有拿刀啊！」同樣的情形一再重覆了2、3次，結果野豬鬥志全失，收穫物就全都歸刺蝟所有了。

（取自北非卡拜爾族民間傳說）

狐狸、刺蝟和狼

從前從前，狐狸、刺蝟和狼住在一起。當牠們找到李子時，狼提議：「讓最容易喝醉的人吃吧！」接著說：「我只要喝一杯就醉了喲！」狐狸說：「我光是聞到酒的味道就會醉。」刺蝟則說：「我只要聽到關於酒的事情就會醉了。」於是李子就被刺蝟吃掉了。接著，狐狸說：「我們來賽跑，贏的人就可以吃李子！」於是決定賽跑。通常說到跑步，刺蝟不可能是贏家。於是牠就吊在狐狸的尾巴上，當跑得最快的狐狸剛要抵達終點時，刺蝟馬上就跳下來說：「哎呀，你現在才到嗎？我早就在這裡等了。」狐狸和狼不得不承認刺蝟是第一名，所以這次還是刺蝟吃到了李子。

（取自蒙古民間傳說）

刺蝟漢斯

出生於沒有孩子的富有農夫家中的漢斯，上半身是刺蝟的模樣。因為刺會扎人，所以無法喝母奶，在父親疏遠的照顧下成長。有一天，他要求父親去市集給他買個風笛。他對父親說，如果再給他一隻腳上釘了蹄鐵的公雞，他就會騎著牠出去，再也不回來了。父親心想終於可以擺脫麻煩了，於是高高興興地按照漢斯所說的話去做，漢斯便從此開始在村外的森林中過著飼養家畜的生活。

有一天，一個迷路的國王向在樹上吹著風笛的漢斯詢問回國的路。漢斯說：「你必須寫份証明，說願意將你回到城堡後第一個遇見的東西送給我，我才會告訴你。」國王心想，反正他大概也不識字，就隨隨便便寫個証明，在漢斯的指引下回到了城堡。最先出來迎接他的正是公主。國王心想，反正他的證明也是亂寫的，就算不把公主送給漢斯也沒關係。

又有一次，換成別的國王請求漢斯指引方向。雖然做了相同的約定，不過這個國王卻如實地寫下了証明。這一次，國王回去後第一個遇見的也是公主。知道國王寫下証明的公主說：「為了父王，如果那個人來了，我會高興地跟他走。」

漢斯回到村莊，把飼養的家畜全部送給村民後，離開了村子。他先去第一個國王的國家。國王事先就發出命令，如果漢斯前來就要把他趕走，所以他差點就被士兵們打傷；不過他還是想辦法擺脫了士兵，來到國王的房間前。他怒吼著如果不把公主給他，就要他們的命。無計可施的國王只好將陪嫁了許多珠寶和僕人的公主交給漢斯，不過漢斯隨即用刺刺傷了公主，說：「這是你們欺騙我的回報。」就把公主趕回去了。

接著，漢斯來到第二個國王的城堡。這個國王發出歡迎漢斯的命令，公主也做好了覺悟，所以兩人決定要舉辦婚禮。當天晚上，漢斯請求國王說：「我上床時，會把刺蝟皮脫下來放在床前，請叫僕人將刺蝟皮燒掉。」刺蝟皮一燒掉，施加在漢斯身上的詛咒也解開了，變成了一個英俊挺拔的年輕人。

幾年過後，漢斯當上了該國的國王。漢斯回到故鄉，探望住在村莊的父親，並將父親接到了他當國王的國家一起生活。

（取自格林童話）

兔子和刺蝟

某個星期天的早晨，刺蝟先生在自家門口正心情愉快地哼著歌，牠想去確定隔壁田裡蕪菁的生長情況。在那裡，他遇到了來巡視高麗菜的兔子。兔子彷彿瞧不起刺蝟般地問牠來這裡做什麼，刺蝟說是散步，兔子卻嘲笑牠：「你的腳應該想想別的用法比較好吧！」被說到任何事情都能忍耐的刺蝟，唯獨不能忍受別人嘲笑牠天生彎曲的腳。於是牠跟兔子打賭賽跑，賭注是金幣和白蘭地。認為自己一定會跑贏的兔子當然說ＯＫ，於是雙方就約定在早餐後比賽。回到家中的刺蝟告訴太太這件事，然後將責怪牠做了蠢事的太太也帶了出來，打好商量。

比賽的時刻終於來了。兔子和刺蝟一起在田壟上起跑……但刺蝟只跑了一下，馬上在壟間蹲了下來；等兔子跑到田的另一端時，刺蝟太太就跳出來說：「我早就到了哩！」因為刺蝟先生和刺蝟太太長得一模一樣，兔子根本分辨不出來，心裡覺得奇怪的兔子便提議再比一次。這次牠反方向跑回剛剛起跑的田壟，換成刺蝟先生跳出來說：「我早就到了哩！」就這樣，兔子來回跑了73次，終於精疲力盡倒地而亡。最後刺蝟先生和刺蝟太太得到了金幣和白蘭地，便滿足地回家了。

這個故事的教訓是，不管認為自己有多了不起，就算對方是像刺蝟般微不足道的傢伙，都不可以輕視他人。還有，如果要娶媳婦的話，最好是娶和自己的身份相同的人。

（取自格林童話）

麥田

作者：Alison Uttley
繪者：片山健
譯者：矢川澄子
出版社：福音館書店

馥郁的夏日傍晚，刺蝟小聲地唱著歌，展開月夜的冒險。半路加入兔子和河鼠，一起結伴往麥田前進。讓人感受到生命力的強韌和美好的繪本。

安靜的故事*

作者：Samuil Marshak（馬爾沙克）
繪者：Vladimir Lebedev（列別杰夫）
譯者：內田莉沙子（林真美）
出版社：福音館書店（遠流）

住在俄羅斯安靜深邃森林中的刺蝟一家人，深夜出去散步，卻遇上了狼群……由《十二個月》的作者山謬爾．馬爾沙克創作的俄羅斯代表性繪本。

刺蝟溫迪琪的故事*

作者：Beatrix Potter（碧雅翠絲．波特）
繪者：Beatrix Potter（碧雅翠絲．波特）
譯者：いしいももこ（林海音）
出版社：福音館書店（青林）

為了尋找遺失的手帕和圍裙而上山的女孩露西，遇見了很會洗衣服的刺蝟溫迪琪太太。這位太太把洗好的手帕和圍裙交還給露西。這是大家熟悉的彼得兔系列。

刺蝟媽媽

作者：松谷さやか
繪者：Mai Miturich
出版社：福音館書店

為了孩子們出去找尋美味蘋果的刺蝟媽媽。使盡力氣揹著紅蘋果、青蘋果，帶回去給孩子們。由刺蝟的傳說改編而成的溫暖繪本。

刺蝟和金幣
作者：Vladimir Orloff
繪者：Valentin Olshvang
譯者：田中潔
出版社：偕成社

撿到金幣的刺蝟爺爺。牠想拿去買過冬用的乾香菇，卻已經賣完了，剛好來到的松鼠就送牠乾香菇；要找鞋店，烏鴉卻說要幫牠做鞋，金幣完全派不上用場。是一本充滿體貼與關懷的繪本。

（在52頁介紹的布偶（左下方數來第2隻）就是以這個故事的動畫中出現的刺蝟為原型的作品。）

霧中的刺蝟*
作者：Yury Norshteyn（尤里．諾勒斯堅）、
Sergey Kozlov（索給．寇茲羅夫）
繪者：Francheska Yarbusova
（佛蘭西斯卡．亞布索娃）
譯者：こじまひろこ（林真美）
出版社：福音館書店（遠流）

黃昏時分，刺蝟在前往小熊家的途中，看到飄浮在霧中的白馬，為其深深著迷，而在霧中徘徊……這是將諾勒斯堅的動畫《霧中刺蝟》改編為繪本再次重現的作品。

刺蝟媽媽的過冬準備
作者：Eva Billow
繪者：Eva Billow
譯者：佐伯愛子
出版社：フレーベル館

刺蝟夫婦共有10個健康活潑的男孩子。媽媽決定在冬天來臨前做鞋子給所有的孩子，前後腳加起來共需20雙。雖然請兔子們幫忙了，但完成的卻只有少少幾雙而已……這是頗具刺蝟風格的解決問題的故事。

帽子
作者：Jan Brett
繪者：Jan Brett
譯者：松井るり子
出版社：ほるぷ出版

發現毛線襪的刺蝟哈利，好奇地將鼻子套進去，想要脫掉時，襪子卻被刺勾住而脫不掉。動物們嘲諷哈利，哈利卻堅稱：「很棒的帽子吧！」這是作者將自家刺蝟的小插曲作為故事模型的繪本。

注：書名有*記號者表示台灣有推出中文版，括弧文字為中文版繪本資訊；其他則為日文版繪本。

世界最有名的刺蝟——音速小子

到目前為止所介紹的刺蝟故事，幾乎都是來自於有刺蝟棲息的地區的作品。以往不棲息在日本、大家較不熟悉的刺蝟，是直到最近幾年才開始在日本創作的故事中登場的。如果刺蝟是日本動物的話，可能就會成為許多傳說故事中的登場人物，成為極度活躍的角色，所以這點是有點令人感到遺憾。

音速小子人物角色
©SEGA

《音速小子編年史 黑暗次元的侵略者》©SEGA

雖然刺蝟從未在日本古老的故事中上場，不過現今世界上最有名的刺蝟卻是在日本出生的刺蝟。沒錯，就是音速小子。1991年，作為SEGA發售的Mega Drive（遊戲機）動作遊戲《Sonic the Hedgehog》的主角而誕生，之後在各種不同的遊戲機上推出了許多系列作品，在全世界颳起一陣旋風。除了電玩遊戲之外，也改編成電視卡通和漫畫而廣為人知。

為什麼刺蝟會被選為主要角色呢？根據Sonic的官方網址「sonic channel」〈http://sonic.sega.jp〉的說法，製作團隊反覆檢討想要以充滿前所未有的速度感的動物作為主題，最後是因為「背部的刺很適合充滿速度感的攻擊」、「英語HEDGEHOG的語感很好」之故而選擇了刺蝟。「Sonic」是「音速的」之意。能夠以超音速奔跑的音速小子，擁有一顆自由的心，是冷靜又敏銳的角色，還有不會棄置遭到困難或弱小人物於不顧的善良，正是音速小子的魅力。而他那充滿活力、開朗大方的女朋友艾咪．羅絲也同樣是刺蝟。其他的登場人物中，也有許多是以刺蝟及其他動物為原型的角色。

不只是在日本，國外似乎也有很多名叫「Sonic」的刺蝟。不管是遊戲中的音速小子，還是真實刺蝟的音速小子，都在全世界中受到大家的喜愛。

參考文獻

Pat Morris 著『The New Hedgehogs Book』Whittet Books Ltd、2006 年
Matthew M. Vriends、Tanya M. Heming-Vriends 著『Hedgehogs: Everything About Housing, Care Nutrition, Breeding, and Health Care』Barrons Educational Series Inc、2000 年
Dawn Wrobel、Susan A. Brown 著『The Hedgehog: An Owner's Guide to a Happy, Healthy Pet』Howell Book House、1997 年
「Critters USA（2009 annual）」Fancy Publications、2009 年
Katherine Quesenberry、James W. Carpenter 著『Ferrets, Rabbits and Rodents: Clinical Medicine and Surgery Includes Sugar Gliders and Hedgehogs』Saunders（2 edition）、2003 年
David J. Zoffer 著『Feeding Insect Eating Lizards』Tfh Pubns Inc、1995 年
Fredric L. Frye 著『Practical Guide for Feeding Captive Reptiles』Krieger Pub Co（Reissue 版）、1996 年
Nigel Reeve 著『Hedgehogs』Poyser、2002 年
Anna Meredith 著、Anna Meredith、Sharon Redrobe 編、橋崎文隆ほか訳『エキゾチックペットマニュアル第４版』学窓社、2005 年
D.W. マクドナルド編『動物大百科　第５巻』平凡社、1986 年
D.W. マクドナルド編『動物大百科　第６巻』平凡社、1986 年
川道武男編、日高敏隆監修『日本動物大百科　第１巻』平凡社、1996 年
高山直秀編、人獣共通感染症勉強会著『ペットとあなたの健康：人獣共通感染症ハンドブック』メディカ出版、1999 年
池田清彦監修、Deco 編『外来生物事典』東京書籍、2006 年
鈴木欣司著『日本外来哺乳類フィールド図鑑』旺文社、2005 年
Drury R.Reavill 編・著、田川雅代訳『臨床病理学と試料採集　エキゾチックアニマル臨床シリーズ　Vol.4』メディカルサイエンス社、2003 年
Jeffrey R.Jenkins 編著、鈴木哲也、渡辺晋、松井由紀訳『飼育と栄養　エキゾチックアニマル臨床シリーズ　Vol.2』メディカルサイエンス社、2003 年
Hand ほか著、本好茂一監修『小動物の臨床栄養学』マーク・モーリス研究所、2001 年
三輪恭嗣「ハリネズミの食餌管理」VEC、vol.6　No.2、2008
寺島良安著、島田勇雄ほか訳注『和漢三才図会６』平凡社、1987 年
グリム兄弟著、池田香代子訳『完訳グリム童話集２』講談社、2008 年
松田忠徳訳編『モンゴルの民話』恒文社、1994 年
小沢俊夫編『世界の民話 17』ぎょうせい、1999 年新装版
柴田武ほか編『世界なぞなぞ大事典』大修館書店、1984 年
柴田武ほか編『世界ことわざ大事典』大修館書店、1995 年
ハンス・ビーダーマン著、藤代幸一監訳、宮本絢子ほか訳『図説世界シンボル事典』八坂書房、2000 年
ジャン＝ポール・クレベール著、竹内信夫ほか訳『動物シンボル事典』大修館書店、1989 年
アト・ド・フリース著、山下主一郎ほか共訳『イメージ・シンボル事典』大修館書店、1984 年
ジャン・シュヴァリエ、アラン・ゲールブラン共著、金光仁三郎ほか共訳『世界シンボル大事典』大修館書店、1996 年
荒俣宏著『世界大博物図鑑　第５巻』平凡社、1988 年
プリニウス著、中野定雄ほか訳『プリニウスの博物誌』雄山閣出版、1986 年
Devra G. Kleiman、Valerius Geist、Melissa C. McDade 編『Grzimek's animal life encyclopedia, 2nd ed, Volume 13』Gale Group、2003 年
岩野礼子著『イギリスの庭が好きです』晶文社、1997 年
アリストテレース著、島崎三郎訳『動物誌上』岩波書店、1998 年
アリストテレース著、島崎三郎訳『動物誌下』1999 年
ルーイス・キャロル著、岩崎民平訳『不思議の国のアリス』角川書店、1975 年
日本医真菌学会「最近疫学的に注目される皮膚糸状菌症についてのご注意」<http://www.jsmm.org/> (accessed 2009.07.18)
Chomel, Bruno B.「Hedgehog zoonoses」（The Free Library）<http://www.thefreelibrary.com/Hedgehog+zoonoses-a0127713214> (accessed 2009.07.19)
「外来生物法」（環境省）<http://www.env.go.jp/nature/intro/> (accessed 2009.06.04)
「特定外来生物の解説：ハリネズミ属の全種」（環境省）<http://www.env.go.jp/nature/intro/1outline/list/L-ho-02.html> (accessed 2009.06.04)
「動物の輸入届出制度について」（厚生労働省）<http://www.mhlw.go.jp/bunya/kenkou/kekkaku-kansenshou12/index.html> (accessed 2009.05.08)
FaunaClassifieds「General Outline of Nutritional Content of Feeder Animals」<http://www.faunaclassifieds.com/forums/showthread.php?t=54508>(accessed 2009.07.02)
Joni B. Bernard、Mary E. Allen「Feeding captive insectivorous animals:nutritional aspects of insects as food」（Nutrition advisory group handbook）<http://www.nagonline.net/Technical%20Papers/NAGFS00397Insects-JONIFEB24,2002MODIFIED.pdf>(accessed 2009.07.02)
"International Hedgehog Association" <http://hedgehogclub.com/> (accessed 2009.05.02)
"Hedgehog Central" <http://hedgehogcentral.com/> (accessed 2009.05.02)
"USENET Hedgehog FAQ" <http://hedgehoghollow.com/faq/> (accessed 2009.04.19)
"HedgehogWorld" <http://www.hedgehogworld.com/> (accessed 2009.04.20)
"Veterinary Partner"<http://www.veterinarypartner.com/> (accessed 2009.05.04)
「Hedgehogs」（Small Animal Channel）<http://www.smallanimalchannel.com/hedgehogs/> (accessed 2009.04.20)
「Hedgehogs」（Animal Hospitals-USA）<http://www.animalhospitals-usa.com/small_pets/hedgehogs.html> (accessed 2009.04.20)
"Animal Diversity Web" <http://animaldiversity.ummz.umich.edu/site/index.html> (accessed 2009.05.20)
"Pro Igel" <http://www.pro-igel.de/index-engl.html> (accessed 2009.07.21)
Laura Ledet「WHS: Wobbly Hedgehog Syndrome」<http://www.angelfire.com/wa2/comemeetmyfamily/wobblyhs1.html> (accessed 2009.04.20)

承蒙以下多位飼主提供照片協助，不勝感激（沒有順序，敬稱省略）

谷口康敬、梶原聡子、梶原紘子、K.S.、イマヨシエミ、sue、らんち、ビューティ、まどりん、品田宏重、ナックル、東急東横線のカク、渡邉将史、辰巳卓也、ぴろちゃん、江口美幸、ぺりぇ、てぃんちゃん、蛙、ナナミ、モトキ、pigmy、あかね、団七、死天、コウタ、KANAKO、yap＊、ちぃ。、ちろり、藤田三樹、maria's room、raco、セイロ、おくり、takibi、☆ snow ☆、やながわ、中浦仁、村中翠、いつほ、ランディ、岩城南海子、DELK、悠希、トンボ、にゃっきぃ、初号機 ´・ω・`、ちんちくりん、EUNOS シヴ゛ァ犬、さとうあかね、りた

國家圖書館出版品預行編目資料

刺蝟的飼養法/大野瑞繪著；彭春美譯. -- 二版. -- 新北市：漢欣文化事業有限公司, 2022.11
192面；23X17公分. -- (動物星球；24)
譯自：ザ・ハリネズミ―飼育・生態・接し方・医学がすべてわかる(ペット・ガイド・シリーズ)
ISBN 978-957-686-839-9(平裝)
1.CST: 刺蝟 2.CST: 寵物飼養
389.42　111012007

定價380元

動物星球24

刺蝟的飼養法（暢銷版）

作　者 / 大野瑞繪　監　修 / 三輪恭嗣
攝　影 / 石川晋　譯　者 / 彭春美
出 版 者 / 漢欣文化事業有限公司
地　址 / 新北市板橋區板新路206號3樓
電　話 / 02-8953-9611
傳　真 / 02-8952-4084
郵撥帳號 / 05837599 漢欣文化事業有限公司
電子郵件 / hsbookse@gmail.com
二版一刷 / 2022年11月

本書如有缺頁、破損或裝訂錯誤，請寄回更換

"THE HARINEZUMI"
by Mizue Ohno, supervised by Yasutsugu Miwa, photo by Susumu Ishikawa

Original Japanese edition published by Seibundo Shinkosha Publishing Co., Ltd.

This Traditional Chinese language edition is published by arrangement with Seibundo Shinkosha Publishing Co., Ltd., Tokyo in care of Tuttle-Mori Agency, Inc., Tokyo through Keio Cultural Enterprise Co., Ltd., New Taipei City, Taiwan.

日文原著工作人員

■ 作者

大野 瑞繪

出生於東京。從文學部歷史系畢業後，成為動物作家。以「用心飼養動物，動物就會很幸福；動物能夠幸福，飼主才能幸福」為宗旨，積極活動中。著作有：《小動物ビギナーズガイド フェレット》、《ザ・ネズミ》（以上為誠文堂新光社）、《はじめての犬》（どうぶつ出版）、《とっとこハム太郎のだいすきハムスター》（小學館）等多數。身為一級愛玩動物飼養管理師、寵物營養管理師、人類和動物關係學會會員。

■ 監修

三輪 恭嗣

三輪珍奇動物醫院院長。宮崎大學獸醫學系畢業後，於東京大學附屬動物醫療中心（VMC）進修作為獸醫外科醫師。進修結束後，在美國威斯康辛大學和邁阿密的專門醫院學習珍奇動物的動物醫療。回國後，在VMC擔任珍奇動物診療的負責人，同時於2006年開設了三輪珍奇動物醫院。主要著作有：《最も詳しい動物の薬の本》（合著，Gakken）、《獸醫臨床麻醉學》（合著，學窗社）等。

■ 攝影

石川 晋　生物攝影家

從事野生動物到飼養動物的攝影。主張在攝影前要先觀察，會同行展開研究調查，甚至到國外的出口業者的飼養場，探尋各種沒有見過的動物。對生物擁有廣泛的興趣，即使造訪倉鼠的棲息地，也會順便進行昆蟲採集或釣魚。因為經常觀察、拍攝日本少有照片的動物，因此拍了許多夜行性動物、變色龍、蜂鳥等的照片。加以飼養來攝影也是他的特色，目前養有刺蝟或古巴硬毛鼠等連動物園也沒有的種類。

■ 協力

伊藤浩（行政代書）／川添宣広／村川荘兵衛

■ 插畫

丹野洋恵

■ 設計

深沢さおり（Artman）

■ 攝影協力（順序不同，敬稱省略）

T.A.P.S. Co., Ltd／伊藤瞳／福岡ECO COMMUNICATION專門學校／永田由貴／永尾桃香／永富千里／郷司真莉子／後藤浩之／佐々木未菜／松川竜也／松田明子／水上一也／前川阿紗子／蔵藤愛／馬籠幽人／平山将弘／椋野潤／B.BOX AQUARIUM
SBS CORPORATION
愛知縣小牧市久保一色南1-65
http://www.sbspet.com/